燃煤工业区土壤污染评价与修复

李 强 著

U0264536

中国石化出版社

内 容 提 要

本书在梳理国内外土壤污染评价与修复的主要理论和经验基础上，选取山西省燃煤企业污染场地、燃煤企业及周边区域和燃煤企业集中分布区等不同尺度燃煤工业区为研究区域，对土壤的重金属和有机物污染进行了评价，并在此基础之上进行了土壤生态修复实践，以期为黄土高原类似区域土壤污染风险管控和修复治理提供科学的依据和参考。

本书可供高等院校和科研院所环境保护相关专业研究人员阅读参考。

图书在版编目(CIP)数据

燃煤工业区土壤污染评价与修复／李强著. —北京：
中国石化出版社，2022. 12
ISBN 978-7-5114-6962-5

Ⅰ. ①燃… Ⅱ. ①李… Ⅲ. ①煤炭开发—土壤污染—
污染防治 Ⅳ. ①X773

中国版本图书馆 CIP 数据核字(2022)第 252396 号

中国石化出版社出版发行
地址:北京市东城区安定门外大街 58 号
邮编:100011　电话:(010)57512500
发行部电话:(010)57512575
http://www.sinopec-press.com
E-mail:press@sinopec.com
北京科信印刷有限公司印刷
全国各地新华书店经销
*
710×1000 毫米 16 开本 10.5 印张 211 千字
2022 年 12 月第 1 版　2022 年 12 月第 1 次印刷
定价:58.00 元

前　　言

煤炭是我国的主体能源，燃煤工业区是指以煤为原料或燃料进行相关生产活动的重污染工业基地，区内燃煤电厂、煤化工厂、钢铁厂和水泥厂等各类企业采用一系列工业程序，将煤转化为电力、气体、液体或固体燃料及化学品等，形成了该区域特有的"生态–经济–社会"复合系统。区域土壤环境是整个生态系统的重要组成部分，燃煤工业区在生产、加工、运输、存储等过程中可能会产生大量的有毒有害物质，并通过大气沉降和径流等方式进入土壤，不仅会破坏区域土壤环境原有的生态功能和系统功能，而且以各种形态赋存在土壤中的污染物还会通过富集、迁移、转化，对生物体和人类产生危害，进而对经济和社会系统产生不良影响。

黄土高原是我国具有经济和生态双重脆弱性的内陆欠发达区域，资源型城市数量众多。煤炭资源型城市分布有煤炭采掘及选煤、洗煤等以煤炭资源为主的工业体系，兼有燃煤电厂、钢铁厂和煤化工等燃煤企业的分布，其土壤污染表现出一定的特殊性。

本书针对黄土高原极度生态脆弱区，以山西省燃煤企业污染场地、燃煤企业(煤化工和钢铁厂)及周边区域、燃煤企业集中分布区(忻州市西部七个县)等不同尺度燃煤工业区为研究区域，开展土壤污染评价及修复研究，对区域土壤风险管控和修复治理具有一定的意义。

　　本书得以出版，作者要感谢太原师范学院刘庚教授、中国环境科学研究院赵龙副研究员对本书编写提出的宝贵建议和指导。本书撰写过程中还得到了山西省环境科学研究院和山西清泽阳光环保科技有限公司等单位的大力支持，在此一并表示衷心的感谢。

　　鉴于作者水平有限，书中难免存在不足和疏漏之处，敬请批评指正。

目　　录

第1章 绪　　论

近年来，我国现代燃煤工业规模迅速增长，随之而来的环境污染已经成为制约经济发展的主要瓶颈，而土壤污染对生态环境和人体健康危害严重，是现代燃煤工业亟待解决的环境污染问题之一。本章概述了我国土壤污染现状，系统归纳了我国土壤有机物和重金属的来源及其危害，分析了燃煤工业区煤及煤炭加工利用过程对土壤污染物的影响并指出了相关区域土壤污染研究的不足之处，着重分析了山西省燃煤工业区土壤污染现状及风险评估的紧迫性，据此确定了研究方向和研究内容。

1.1　研究背景

中国是世界上煤炭资源最丰富的国家之一，能源结构以煤为主，燃煤工业在我国能源和化工领域占有重要战略位置。尤其是"十二五"以来，在富煤、贫油、少气的能源结构现状和石油需求迅速攀升的背景下，以石油和天然气替代产品为主要方向的现代燃煤工业在我国迅速步入产业化轨道，煤制油、煤制天然气、煤制化学品等形成客观的产业规模。然而，燃煤工业涉及领域众多且工艺流程复杂，在生产、加工、运输、存储等过程中可能会产生大量的有毒有害物质，经不同途径汇集在周边土壤环境中，不仅破坏了区域土壤环境原有的生态功能和系统功能，而且以各种形态赋存在土壤中的污染物还会通过富集、迁移、转化，对生物体和人类产生危害，进而对经济和社会系统产生不良影响。例如，煤化工行业生产过程中产生的具有"三致"效应的苯系物、多环芳烃等有机物，再加之工业化学品的广泛使用及泄漏，运营过程中长期排放的废气、废水、锅炉灰渣和气化炉渣等原因，常常会导致场地土壤有机物和重金属污染，严重威胁人体健康和生态安全，是现代煤化工行业主要的环境污染问题之一。尤其是近些年人口向城镇集中，城市规模急速扩大，原处于城郊的工厂迅速被城市吞并，工厂搬迁后场地转为商住用地存在的土壤污染使再开发利用面临环境和健康风险。燃煤电厂在经过火电厂燃烧过程中，煤中含有的各种微量元素会分别向飞灰、炉渣和烟气中转化，随之进一步转移至水、大气、土壤等环境中，对燃煤电厂周边环境造成污染。钢铁厂在生产过程中，产出大量煤气及各种废弃物，主要包括原料处理、装卸、运输等过程中产生的粉尘以及冶炼、焦化、烧结、酸洗等生产过程中产生的烟尘和有害气体。这两类废气中的粉尘中都含有磁性颗粒物和大量的金属元素，经过扩散、稀释，最终沉降在土壤中，并对土壤造成污染。由此可见，燃煤工业区的土壤污染问题日益严重，已成为制约我国经济可持续发展的瓶颈。

土壤是人类赖以生存和发展的基础，也是地球的重要资源，是生态环境的重要组成部分，与人类的生产生活密切相关。然而，随着燃煤工业发展，其污染物的排量日益增大，由此带来的生态环境污染问题逐渐显现。根据 2014 年原环境保护部和原国土资源部联合发表的《全国土壤污染状况调查公报》显示，全国土壤环境状况总体不容乐观，全国土壤总的超标率达 16.1%，污染类型以无机型为主，有机型次之，复合型污染比重较小。无机污染物超标点位数占全部超标点位数的 82.8%，其中镉污染最为严重，超标率为 7%；有机污染物以石油烃和多环芳香烃（PAHs）为主，在化工类园区及周边土壤的主要污染物为 PAHs。在与煤炭相关企业的生产过程中，产生了大量含有重金属、多环芳烃、氰化物、总石油烃污染物的废水、废气、废渣，通过干湿沉降或地表径流等过程进入土壤中。近年来，我国煤炭开采、洗选等厂区周边土壤的污染问题已获得广泛的关注，但由于我国与煤相关的工业起步较晚，且多分布在水资源匮乏、生态环境脆弱的中西部地区，厂区环境治理多集中在污水处理方面，对于燃煤工业集中分布区周边土壤污染的关注较少，对相关区域土壤污染的特征研究、健康风险评价以及管理与修复计划鲜有报道。

山西省地处黄土高原东部，经济发展以煤、电、焦、化、冶等重工业为主，是我国重要的煤炭能源重化工基地。煤炭资源的大规模开采和煤化工产业链的纵深发展对山西省的经济发展起到了战略性的推动作用，但由于老旧工厂技术落后以及缺乏环保意识，再加之长期高强度采煤、炼焦工业和火电、冶炼等与煤炭相关产业的发展对该区域的环境造成极大破坏。例如，土壤污染、地下水资源破坏、土地塌陷、水土流失等问题，给山西省的生态环境带来非常严峻的挑战。针对山西省土壤污染现状，为响应落实《中华人民共和国土壤污染防治法》《山西省土壤污染防治条例》等法律法规，深入打好土壤污染防治攻坚战，山西省生态环境厅、山西省工业和信息化厅、山西省公安厅等部门于 2021 年联合公布了《山西省土壤污染防治 2021 年行动计划》，要求依法开展土壤污染状况调查和风险评估，加强焦化企业遗留地块的监管，持续加强重金属污染防治，督促相关责任主体编制污染地块环境风险管控及修复方案并组织实施。因此，对燃煤工业区的土壤污染进行全面的科学分析与评价十分有必要，不仅有助于保护燃煤工业厂区工作人员及其周边居民安全与健康，也是安全、有效推进山西省现代燃煤工业发展战略的重要依据。

1.2　土壤污染概述

土壤是人类生存与发展最重要的物质资源之一。20 世纪以来，伴随着人口的不断增加和经济的快速发展，土壤污染的问题也在不断加剧。土壤污染主要是由自然因素或人为活动（例如化石燃料的燃烧、金属矿产的开采与冶炼、农药和化肥的施用以及生活污水排放等）产生的外源污染物进入土壤并积累到一定程度，导致某些土壤元素超标并使土壤环境质量恶化，造成土壤的效力下降，对生物、水体、空气和人体健康产生危害的现象。土壤污染发生的过程是一个由量变到质变的积累过程，也就是说，土壤中的污染物含量超过了当地土壤环境质量背景值的上限值，就会产生土壤污染。

土壤污染是一个长期性、多因素、多来源的污染问题。与大气污染和水体污染不同，土壤污染一般具有累积性、滞后性、隐蔽性和不可逆性的特点，针对土壤污染的防治及恢复难度极高。其污染类型主要有土壤化学性污染、物理性污染、生物性污染以及放射性污染，其中化学性污染类型最为常见且影响最为严重。土壤化学性污染主要分为有机物污染和无机物污染。有机物污染的污染源主要是工业生产、农药及化肥的不合理施用，而重金属污染是土壤无机物污染最重要的来源。积累在土壤中的污染物和土壤之间相互作用，通过改变土壤理化特性，会对土壤造成长期性甚至永久性损害，而受到污染的土壤又会引起大气、水体等生态系统退化等一系列生态问题。此外，土壤污染物还能通过植物吸收、食物链和生物富集对人体健康产生极大的危害。

目前，我国土壤污染的总体形势仍然不容乐观，土壤重污染区和高风险区分布密度高、地域广。主要呈现以下特征：

（1）土壤污染类型多样化，新老污染物并存，复合污染的情况司空见惯。

（2）土壤污染途径多源化，源头复杂，防控难度大。

（3）土壤环境监督管理体系不健全，污染防治投入不足，社会防治意识不强。

（4）土壤污染具有扩散性，由地表扩散至地下、由城市蔓延至农村、由工业向农业扩散、由上游向下游扩散等。

（5）土壤污染地域性差异显著，我国地域广阔，土壤类型齐全，土壤污染常表现出显著的地域差异性。例如东部地区经济发达、工业生产活动频繁，土壤污染比较严重；中南部地区重金属背景值本身较高，在人类活动的叠加影响下的土壤污染更加严重，尤以土壤重金属污染最为严重。

（6）土壤污染引发的农产品质量安全问题层出不穷，严重威胁着人类身体健康和社会稳定。

综上所述，我国土壤污染环境问题发展态势逐渐变为多样化、复杂化和区域化。因此，对于污染土壤进行有效的评价、安全处置和可持续开发，已成为国家和政府重视的关键领域，也是科学实践研究的重要课题。

1.3　土壤重金属污染的现状及危害

重金属污染是中国当前最突出的土壤环境污染问题。2014 年原环境保护部和原国土资源部联合发表的《全国土壤污染状况调查公报》显示，全国土壤总的点位超标率为 16.1%，中度污染以上占 2.6%，以重金属污染为主，其中镉的点位超标率为 7%。从污染分布情况来看，主要集中在华中地区、西南地区、珠江三角洲和长江三角洲地区，面积已超过 5000 万亩（约 $3.33 \times 10^4 km^2$），且呈现出连年递增的趋势。镉、汞、砷、铅 4 种重金属污染物含量分布呈现从西北到东南、从东北到西南方向逐渐升高的态势。目前，我国土壤重金属污染现状非常严重，主要表现在：（1）中国的耕地重金属污染严重，据 2020 年全国土壤污染调查结果显示，我国耕地受重金属污染面积高达 $2667 \times 10^4 hm^2$，重金属超标率为 20.1%，其中汞、镉、铅超标最为严重，以汞为典型代表，超标率高达 54.9%，每年直接减少粮食产量约 $100 \times 10^8 kg$；（2）企业场地和工矿区及周围的土壤污染不断加剧，自 2001 年以来，超过 10 万家企业关停，产生了大量排放危险废弃物的场地，污染企业和周边土地的超标率高达 36.3%，目前，受采矿污染的土地面积超 $200 \times 10^4 hm^2$，并且每年以 $33000 \sim 47000 hm^2$ 的速度递增；（3）高背景值地区的土壤重金属超标，比如西南地区土壤中，镉、铅、锌、铜、砷等背景值远远高于全国土壤的背景值；（4）土壤重金属污染呈流域性的趋势而不是简单的点源污染；（5）铊、锑等新型重金属污染显现；（6）土壤重金属污染引起的生态健康风险高。

土壤重金属污染有自然和人为两种来源，其中人为来源是主要原因，包括矿石、农药、电池、造纸、制革、化肥工业的精炼和开采，固体废物处理、废水灌溉和车辆尾气等。重金属毒性极强，它们具有潜在危险性、持久性、非生物降解性和生物富集性等特点，被喻为"化学定时炸弹"。通常，重金属在加工和采矿活动期间以化合物（无机和有机）和元素形式进入土壤中，并与土壤中原有的无机物或有机物发生反应，产生新的毒性化合物，导致土壤性质发生改变，引起土壤退化；而且这些化合物无法被生物分解，与土壤粒子紧密贴合，因此，很难通过常规检测手段发现，危害性与破坏性极强。而当这些重金属化合物在被植物吸收后，会随着食物链最终进入人体，诱发各种疾病，严重威胁着人体健康。重金属会导致胎儿宫内发育迟缓，引起营养不良的残疾，心理社会能力受损；还可以产生诱导氧化应激，破坏细胞的固有防御系统并导致细胞损伤或死亡。例如：锰污染会引起肺炎；铅对成人神经系统、消化系统及心血管系统有损害；铜过多会导致心血管疾病且具有抗生育性；镉对呼吸系统、消化系统和骨骼有危害。

综上所述，土壤重金属污染会对我国经济和生态环境的健康发展造成很多不良影响，已经成为一种社会问题，引起了政府及相关部门对污染修复工作的高度重视。然而由于我国个人和企业对土壤重金属污染防治意识不强，再加之土壤污染防治难度高、土壤污染修复成本高，导致我国重金属污染防治问题依然未能完全解决。因此，明确重金属污染防治目标，建立完善的重金属污染防治体系、环境与健康风险评估体系和事故应急管理体系，选取科学有效且环保的土壤重金属污染治理措施，将对促进我国经济健康发展具有十分重要的意义。

1.4 土壤有机物污染的现状及危害

中国有机污染物排放以多环芳烃排放为主。目前，我国土壤的有机污染十分严重，主要分布在长三角、京津冀、珠三角和中南等地区，污染物含量超标严重，西南和中南地区的有机污染与重金属复合污染特征突出。

相关研究表明，我国土壤有机污染物常见的有石油烃类污染物（TPHs）、有机农药、农药类污染物、多环芳烃（PAHs）、苯系物（BTEX）、多氯联苯（PCBs）、邻苯二甲酸酯等有机污染物。这些污染物主要通过农药的施用、燃料的开采和选用、固体废弃物的堆放以及污水排放等过程直接或间接进入土壤，比重金属污染更广泛、严重和复杂。

我国是农业大国，对农产品的需求量大，施用农药是保证农产品产量的重要手段，然而这也成为土壤有机污染的主要来源之一。据统计，我国目前受农药污染的土地面积已超过 $1300 \times 10^4 \sim 1600 \times 10^4 hm^2$，典型的有机氯农药污染物主要是持久性较强的 DDT 和六六六。即便是 1983 年就已禁用了有机氯农药，土壤中的残留量已大大降低，但检出率仍然很高。广州蔬菜土壤中六六六的检出率为99%，DDT 检出率为 100%；太湖流域农田土壤中六六六、DDT 检出率仍达100%，一些地区最高残留量仍在 1mg/kg 以上；桂林会仙湿地表层土壤中有机氯农药的检出率超过了 80%，且主要分布在 0~10cm 的土壤层中。同时，随着城市化和工业化进程的加快，城市和工业区附近的土壤有机污染日益加剧。工业生产尤其是煤炭、石油和天然气等相关重工业的发展中携带大量有机污染物，往往是燃烧不充分或者热解产生的产物。中科院南京土壤研究所对某钢铁集团四周的农业土壤和工业区附近的土壤进行了调查，结果表明，工业区附近的土壤污染远远高于农业土壤：多氯联苯、多环芳烃、塑料增塑剂、丁草胺等，这些高致癌的物质可以很容易在重工业区周围的土壤中被检测到，而且超过国家标准多倍。对天津市区和郊区土壤中的 10 种 PAHs 的调查结果表明，市区是土壤 PAHs 含量超标最严重的地区，其中二环萘的超标程度最严重，强致癌物质苯并芘的超标情况也不容乐观。还有调查显示，石油化工厂区的土壤有机污染物均已超标，苯是土壤 0.5m 深处最严重的有机污染物；门头沟煤矿区土壤的有机污染物含量为同地区背景土样的 1.5~6 倍，其中，饱和烃和芳香烃等含量超过了 40%。

土壤有机污染物不仅种类多、来源广，而且具有半挥发性、不易降解、生物富集和高毒性的特点，严重威胁着农作物的产量和质量安全，甚至威胁着人类的身体健康。首先，土壤有机污染物会破坏土壤的正常功能，导致土壤养分活性下降，降低作物生长效果，农产品产量和质量难以得到有效保障，直接影响土壤的安全和现实作用，可持续发展效果也会受到很大影响。其次，土壤有机污染物会影响土壤动物的新陈代谢、遗传特性和植物的生长发育，还有可能会引发大气污染、水体污染等其他次生生态问题。再次，土壤有机污染物具有挥发性和难降解性等特点，因土壤结构和环境条件的不同，会明显增大土壤污染处理的难度，影响土壤污染处理效果。最后，土壤有机污染物可通过植物的吸收和食物链的积累，最终被人体摄入，甚至在体内积累，影响人体的新陈代谢、发育和生殖功能，破坏人体神经系统，增加癌症发病率，严重危害着人类健康。

随着我国产业结构的调整、国家环境保护和土壤污染管理相关标准的出台，结合行业贡献对有机污染物种类进行分析讨论，有助于在开展污染土壤详细环境调查中提供一定的参考和依据。在土壤污染环境调查工作中应明确生产原料、辅料及产品，结合历史生产工艺及储藏运输区域，确定潜在污染物及其潜在迁移转化途径，开展调查工作以确定污染物的水平和垂直方向上的分布特征及范围。为进一步开展污染土壤修复工作，还需要结合场地水文地质条件，深入调查研究污染物在环境中的迁移规律和赋存特征，从而选择合适的修复技术和管理手段，推动我国土壤污染管控与修复工作。

1.5 燃煤工业区土壤污染研究

我国煤炭资源储量大、分布广、种类齐全，由此诞生了许多以煤为原料或燃料进行相关生产活动的重污染基地。然而，煤炭的开采、运输、储存、燃烧及转化过程均易使周边土壤遭受污染。其污染途径主要有四个方面：第一，煤在开采及运输过程中产生的粉尘通过风力、河流、灌溉或降雨作用使周围土壤产生污染；第二，煤及煤矸石重金属含量较高，在堆放过程中，部分重金属受降雨冲刷和淋溶作用经地表径流进入土壤；第三，部分重金属随煤炭加工利用过程产生的烟气、废渣等进入土壤；第四，洗煤过程中产生的大量污水中含有重金属等有害化学物质，周围农田往往会用这些污水灌溉农田，这不但使得土壤受到重金属污染，也会导致农作物受到重金属的污染。通常，含煤或煤矸石的粉尘主要集中在煤炭开采、洗选及煤炭运输线路周边区域，煤及煤矸石的堆存主要分布在煤矿周边区域。

燃煤工业区土壤污染，主要是由采矿、分选、燃烧、焦化和运输等过程影响了污染物的分布和迁移状况而造成的。厂区的污水不经处理大量排放，排放出的酸性废水淋滤，煤炭运输中重金属洒落，矿物和废渣的堆放，土壤重金属沉降，这些都是燃煤工业区土壤污染的主要原因。例如，张婧雯发现，一般污染场地的多环芳烃主要来自焦炉大气的沉降、泄漏以及工业废渣的回填，且土壤污染都表现出随着土壤深度的增加而逐渐减小的趋势；吴志远等在工业污染场地土壤中测定的 11 种重金属元素都在不同程度上超出了北京土壤环境质量背景值，其中镉、汞、铅、锌、铜的超标率均超过了 50%，其来源主要有煤炭燃烧、冶炼和交通等。由此可见，燃煤工业在促进经济发展的同时，因部分企业生产工艺比较落后、环保意识较弱，在以煤为原料和燃料进行工业生产活动时释放出或遗留下的污染会给土壤带来严重的危害，这些土壤污染物可能不能被立即检测发现，但随着城市化的发展，污染物的影响范围逐渐扩散转移，可能引发严重的次生环境问题，甚至危害到人类的生存发展和生态安全。

当前，中国对污染土壤修复也越来越重视，谭竹针对化工厂污染（苯系物和石油烃复合污染），采用热脱附技术修复高浓度污染土壤，常温热解析+化学氧化技术修复低浓度污染土壤，成功修复污染土壤 90770m²；赵丹等研究认为，化学氧化修复方法能有效去除焦化污染场地中的多环芳烃。燃煤工业区土壤污染具有隐蔽性、复合性（有机和无机复合污染）、高累积性和不可逆性等特点，且因土壤类型和场地条件变化而异，加之对土壤修复的要求也越来越高，修复技术的选择既是重点也是难点，急需设计并构建一套快速有效的针对燃煤工业区特征污染物的土壤修复方法体系。

山西省地处黄河中游、黄土高原东部，煤炭资源丰富，形成了以太原、大同、忻州、临汾等为代表的大型燃煤工业基地。相关资料表明，山西省土壤污染问题尤为突出，主要是土壤重金属污染问题，2010 年前太原市受铅污染的耕地土壤就已经超过了 50%，重金属污染达到了重度污染的等级。土壤污染问题基本都聚焦在洗煤厂粉煤灰的堆放，化工厂、钢铁厂和焦化厂等的废液废渣乱排，生活垃圾以及建筑垃圾乱扔，企业污水和化工废料未经处理排放等导致的点源污染。He Q S等研究发现,山西省焦化企业的生产排放是华北地区空气挥发性有机物污染的重要来源;程明超等研究发现,山西省土壤中PAHs主要来自煤和生物质的燃烧。基于山西省土壤污染严重的现状,近年来,许多学者对山西省燃煤相关企业周边土壤污染状况进行了研究和评价。刘娣在山西省长治市典型煤炭产业聚集区发现,土壤重金属污染的Cr、Ni、Cu、Zn、As、Cd、Pb和Hg的平均含量均超过了山西省土壤元素背景值,且选煤厂、燃煤电厂、化工厂和钢厂周边土壤重金属均达到重度污染的程度,除As元素外,其他土壤重金属的浓度整体表现为北部和中北部高;陈润甲等对山西省某焦化厂周边土壤重金属污染状况进行评价分析,认为该厂周边地区土壤污染超标率为100%,As、Cd和Cu污染比较严重,具有较强的潜在生态风险;葛元英等对介休市典型工业区周边土壤重金属潜在生态风险进行研究,结果表明,该地区土壤重金属均值显著高于山西省背景值,土壤Cd和Hg存在较大的潜在生态风险,且土壤Cd和Hg高潜在风险也可能是麦粒中Cd和Hg接近粮食限量值的主要原因,对当地农业生产造成了影响;陶诗阳等对临汾市某典型燃煤污染区(1034km^2)的土壤表层进行采样研究,发现该地区83.59%的样点存在PAHs污染,部分地区达到了重度污染级别,污染严重地区土壤中PAHs引起的综合致癌风险已经超过可接受致癌风险(10^{-6}),对人群的健康造成了潜在的威胁;王星星等对山西省南部某停产13年焦化厂遗留场地表层土壤采集研究,发现该地区表层土壤样品中重金属Zn、Cu、As、Hg的平均值分别为99.80mg/kg、24.511mg/kg、11.29mg/kg、0.24mg/kg,均高于全国和山西省土壤背景值,呈强富集和富集状态,其中Hg污染最为严重,其浓度是山西省土壤元素背景值的10.6倍,达到了重度重金属污染。

综上所述,关于燃煤工业周边区域的土壤污染特征及人体健康风险评价,许多国内外学者已展开广泛研究,但多集中在某一场地或者几个场地的点范围区域,缺乏对于面范围、大尺度区域的综合评价研究。此外,研究针对土壤污染的治理修复提出的建议,并未在实际修复治理中运用或者运用后未进行详细的情况调查分析,以致其修复效果未得到及时的回馈。因此,本书从点到面,以山西省燃煤企业污染场地、燃煤企业及周边区域以及燃煤企业集中分布区等不同尺度工业区为研究区域,开展土壤污染综合评价及修复研究,对于全面科学评价燃煤工业区的土壤污染,开展高效生态修复治理具有重要的意义。

第2章　土壤污染评价与修复方法

伴随着工业化进程的加快,工业污染企业生产过程中的跑冒滴漏、大气沉降、污水排放和固体废弃物堆放等导致过量的重金属和有机物输入,超过了土壤的自净能力,对场地及其周边区域土壤生态环境产生了严重的影响,土壤污染的问题日益凸显。

土壤污染的评价是科学管理、合理控制和有效治理的前提及基础。由于土壤污染物类型复杂、性质各异,其环境行为、环境效应和生物可利用性等方面差异较大,给土壤污染环境评价与修复带来很多挑战。加强对污染土壤的修复和治理,促使土壤恢复其使用功能成为重要的研究课题,也具有十分重要的现实意义。针对土壤污染评价与修复,国内外学者进行了大量的基础研究和应用技术开发。土壤污染评价方法主要分为传统评价方法、数学评价模型和综合评价方法等三大类。土壤污染修复根据位置是否发生改变可分为原位和异位修复;根据治理技术可分为物理、化学、生物及联合修复等四大类。本章系统梳理了现有土壤污染评价方法和修复方法的优缺点及典型案例,为后续研究区域的选定和研究方法的选择奠定了基础。

2.1　土壤污染评价方法

传统的评价模型主要为指数法,以数理统计为基础,将土壤污染程度用比较明确的界限加以区分,已在土壤污染评价中得到了广泛应用,较常用的有单因子污染指数法、内梅罗综合污染指数法、富集因子法、地累积指数法和潜在风险指数法等。数学评价模型、综合评价方法综合考虑了土壤环境质量的模糊性及各污染因素的权重,使评价更具有科学性,概括起来有模糊数学模型、灰色聚类模型、层次分析法、人体健康风险评价、神经网络法和物元分析法等。近年来,随着相关技术的发展,地统计学和地理信息系统逐渐被引入土壤污染评价中。

2.1.1　传统评价方法

2.1.1.1　单因子污染指数法

单因子污染指数法是以土壤元素背景值为评价标准来评价重金属元素的累积

污染程度。该模型只能分别反映各个污染物的污染程度，不能全面、综合地反映土壤的污染程度，因此这种方法仅适用于单一因子污染特定区域的评价。但单因子污染指数法是其他环境质量指数、环境质量分级和综合评价的基础。

2.1.1.2　内罗梅综合污染指数法

内罗梅综合污染指数法是一种通过单因子污染指数得出综合污染指数的方法，它能够较全面地评判污染程度。该方法突出了高浓度污染物对土壤环境质量的影响，能反映出各种污染物对土壤环境的作用，将研究区域土壤环境质量作为一个整体与外区域或历史资料进行比较。但是没有考虑土壤中各种污染物对作物毒害的差别，只能反映污染的程度而难以反映污染的质变特征。

2.1.1.3　富集因子法

富集因子法(EF)是 Zoller 等(1974 年)为了研究南极上空大气颗粒物中的化学元素是源于地壳还是海洋而首次提出来的。富集因子法是建立在对待测元素与参比元素的浓度进行标准化基础之上的。参比元素要具有不易变异的特性(Reimann & Caritat，2000 年)。随着富集因子研究方法的日渐成熟，国内外许多学者开始把它应用到土壤重金属污染的评价中。但富集因子在应用过程中也存在一些问题：由于在不同地质作用和地质环境下，重金属元素与参比元素地壳平均质量分数的比率会发生变化(Reimann & Caritat，2005 年)，如果在大范围的区域内进行土壤质量评价，富集因子就会存在偏差。同时，由于参比元素的选择具有不规范性、微量元素与参比元素比率的稳定性难以保证以及背景值的不确定性，富集因子尚不能应用于区域规模的环境地球化学调查中(张秀芝等，2006 年)。在具体的研究区域内，不同背景值对富集程度的判断会产生较大的差异，使得有些富集因子的判断结果不能真实地反映自然情况。

2.1.1.4　地累积指数法

地累积指数法是德国海德堡大学沉积物研究所的科学家 Muller 在 1969 年提出的，用于定量评价沉积物中的重金属污染程度(Muller，1969 年)。地累积指数法考虑了人为污染因素、环境地球化学背景值，还特别考虑到自然成岩作用对背景值的影响，很直观地建立起了指数分级与污染程度之间的六级对应关系，是用来反映沉积物中重金属富集程度的常用指标，但其侧重单一金属，没有考虑生物有效性、各因子的不同污染贡献比及地理空间差异。

2.1.1.5　潜在风险指数法

潜在风险指数法是由瑞典科学家 Hakanson 1980 年提出的，是根据污染物性质及其在环境中迁移转化沉积等行为特点，从沉积学的角度对土壤或者沉积物中的污染物进行评价。该方法首先要测得土壤中污染物的含量，再通过与土壤中元素背景值的比值得到单项污染指数，然后引入毒性响应系数，得到潜在生态风险单项指数，最后加权得到此区域土壤中污染物的潜在生态风险指数。该法不但考虑了土壤重金属含量，而且将污染物的生态效应、环境效应和毒理学联系起来，综合考虑了污染物的毒性在土壤中的普遍迁移转化规律和不同评价区域对污染物的敏感性差异，以及各污染物区域背景值的差异，消除了区域差异影响，划分出五级潜在危害的程度——轻微污染、中等污染、强污染、很强污染和极强污染，体现了生物有效性和相对贡献及地理空间差异等特点，是综合反映污染物对生态环境影响潜力的指标，适用于大区域范围沉积物和土壤进行评价比较，但这种方法在加权过程中权重的确定带有主观性。

2.1.2 数学评价模型

2.1.2.1 模糊数学模型

模糊数学模型于 1965 年由 L. A. Zadeh 提出，其通过隶属度来描述土壤重金属污染状况的渐变性和模糊性，描述模糊的污染分级界线、各评价等级的隶属度，再用各评价因子的权重修正，然后得到评价样品对评价等级的隶属度，根据最大隶属度原则确定样品所属的污染等级。模糊数学模型引入隶属度和各个评价因子的权重，对环境风险评估较指数法更加合理（Lietal.，2008 年）。假设 A 为各评价因子对评价等级的隶属度构成的向量，R 为各评价因子的权重构成的向量，B 为评价样品对评价等级的隶属度，那么可以得到数学模型：$B = RA$。对应不同的土壤环境质量级别有不同的隶属度函数，将评价因子的实测浓度和分级标准代入隶属度函数可以得到各单项评价因子对各级别土壤重金属污染状况的隶属度，得到关系模糊矩阵。然后通过计算某采样点的各重金属参评因子的权重建立权重模糊矩阵，最后通过模糊综合评价的模型，得到最终评价结果。

2.1.2.2 灰色聚类模型

灰色聚类模型是在模糊数学模型基础上发展起来的，但与模糊数学模型又有所不同，特别是在权重处理上更趋于客观合理。灰色聚类模型不丢失信息，用于环境质量评价所得结论比较符合实际，具有一定可比性。灰色聚类模型认为：土壤重金属污染各因子的"重要性"隐含在其分级标准中，因而同一因子在不同级别的权重以及不同因子在同一级别的权重都可能不同。通过计算不同因子在不同级别中的权重，确定聚类系数，再根据"最大原则法"或"大于其上一级别之和"的原则确定土壤环境质量级别。一般灰色聚类模型最后是按聚类系数的最大值，即"最大原则"来进行分类，忽略比它小的上一级别的聚类系数，完全不考虑聚类系数之间的关联性，因而导致分辨率降低，评价结果出现不尽合理的现象。鉴于此，人们研究应用改进灰色聚类模型来评价重金属对土壤的污染，该法较好地克服了这一不合理现象。

2.1.2.3　层次分析法

层次分析法（Analytical Hierarchy Process）简称 AHP 法，是美国运筹学家 T. L. Saaty 在 20 世纪 70 年代初提出的。这是一种定性和定量相结合的、系统化、层次化的分析方法，特别适用于分析难以完全定量的复杂决策问题，因而很快在世界范围得到重视并在多个领域广泛应用。

其基本出发点是：在一般决策问题中，针对某一目标，较难同时对若干元素做出精确的判断；这时可以将这些因素相对于目标的重要性以数量来表示，并按大小排序，以此为决策者提供依据。任意两元素之间的相对关系，则可以精确表示。该方法计算简便，较模糊综合评价方法大大减少了计算的工作量，适用于大规模、多因素、多指标的环境质量评价。但该方法只是运用监测数值进行排序，实际监测数值的大小未能真正参与到评价模式中，可能会造成信息利用率低、准确度较低等问题。该方法把分级标准引入排序过程中，由于目前国家在环境质量评价标准方面没有统一的规定，在分级标准的选择上对该方法有一定的限制。

2.1.3　综合评价方法

2.1.3.1　健康风险评价

土壤健康风险评价是近几年应用较多的一种土壤重金属污染评价方法。健康风险评价的内容主要包括估算污染物进入人体的数量、评估剂量与负面健康效应之间的关系。污染场地健康风险评价方法基本包括 3 个步骤、4 个方面内容：数据收集和分析、暴露评估、毒性评估和风险表征。毒性评估，是利用场地目标污染物对暴露人群产生负面效应的可能证据，估计人群对污染物的暴露程度和产生负面效应的可能性之间的关系。污染物毒性有急性和慢性之分，土壤重金属健康风险评价研究的是长期暴露于小剂量化学污染物引起的致癌和非致癌风险。风险表征以致癌风险和非致癌危害指数表示，通常采用单污染物风险和多污染物总风险以及多暴露途径综合健康风险方式表示。综合健康风险就是各暴露途径总风险之和。土壤环境风险评价，为土壤环境风险管理提供可能引起不良环境效应的信息，为环境决策提供依据。

土壤健康风险评价重点关注用地方式分类合理性、敏感人群选取合理性、关注污染物的全面性、筛选值的科学性、暴露参数反映项目本地特征的充分性和修复目标值制定的合理性等方面。下面以场地土壤为例进行介绍。

1）用地方式分类
国内外风险评估导则中关于用地方式的分类不尽相同，见表 2-1。

表 2-1 不同国家风险评估导则用地方式分类

美国	加拿大	英国	中国
《土壤筛选导则》(1996 年)《制定超级基金场地土壤筛选值的补充导则》(2002 年)	《保护环境和人体健康的土壤质量制订方法》(2006 年)	《CLEA 模型技术背景更新》(2008 年)	《污染场地风险评估技术导则》(2014 年)
住宅用地	农业用地	住宅用地	敏感用地(住宅):包括 GB 50137 规定的城市建设用地中的居住用地(R)、文化设施用地(A2)、中小学用地(A33)、社会福利设施用地(A6)中的孤儿院等
商业和工业用地	住宅和公园用地	果蔬种植用地	非敏感用地(工业):包括 GB 50137 规定的城市建设用地中的工业用地(M)、物流仓储用地(W)、商业服务业设施用地(B)、公用设施用地(U)等
建筑施工用地	商业用地	商业用地	
	工业用地		

2)敏感人群选取

国内外风险评估导则中关于敏感人群的规定差别较大,见表 2-2。

表 2-2 不同国家风险评估导则敏感人群规定

美国		加拿大		英国		中国	
用地方式	敏感人群	用地方式	敏感人群	用地方式	敏感人群	用地方式	敏感人群
住宅用地	儿童为非致癌效应的敏感人群;成人为污染物致癌效应的敏感人群	农业用地	幼儿为非致癌效应的敏感人群;成人为致癌效应的敏感人群	住宅用地	0~6 岁女性儿童为敏感人群	敏感用地(住宅)	根据儿童期和成人期的暴露评估污染物的终生致癌风险;根据儿童期的暴露来评估污染物的非致癌风险
		住宅和公园用地		果蔬种植用地			
商业和工业用地	室内外工作人员为污染物致癌或非致癌效应的敏感人群	商业用地	成年工作人员为污染物致癌或非致癌效应的敏感人群	商业用地	16~65 岁成年女性为敏感人群	非敏感用地(工业)	根据成人期的暴露来评估污染物的致癌风险和非致癌风险
建筑施工用地	建筑施工人员为污染物致癌或非致癌效应的敏感人群	工业用地					

3)关注污染物

首先,根据场地环境调查和监测结果,将对人群等敏感受体具有潜在风险需要进行风险评估的污染物,确定为关注污染物;其次,根据场地污染特征和场地

13

利益相关方意见，确定需要进行调查和风险评估的污染物。风险筛选值是指，在特定土地利用方式下，土壤中污染物含量低于该限值的，对人体健康的风险可以忽略；超过该限值的，对人体健康可能存在风险，应当纳入污染地块管理，开展进一步的详细调查和风险评估。

4）风险筛选值

（1）用区域背景值修正重金属及无机物的筛选值。对于自然背景浓度较高的元素，筛选值通常会调高到区域元素背景值上限。以山西省为例，表层土壤中砷元素含量范围在 6~16mg/kg，其筛选值应校正为 16mg/kg。

（2）基于生物可给性的风险筛选值修正。某场地砷的致癌风险和非致癌危害熵分别为 5.28×10^{-4} 和 9.71，需要对其进行修复。砷含量计算修复目标值为 12.1mg/kg。经口摄入土壤是砷对人体的主要暴露途径。《污染场地风险评估技术导则》（HJ 25.3—2014，以下简称《导则》）中，经口摄入吸收因子为 1，而摄入污染土壤中的砷不能完全被溶解而被肠胃吸收。动物活体实验方法测定土壤中砷的生物可给性为 40.16%，若将生物可给性引入风险评估计算，修正后的筛选值为 21mg/kg。

（3）应用统计分析技术确定特定场地背景值。例如：5 个场地的砷的分布规律极其相似，均在 13mg/kg 出现拐点，可以初步认定：如果 13mg/kg 以上浓度和以下浓度分属于不同的分布样本群，一般认为 13mg/kg 可以作为该 5 个场地的特征背景值上限，可作为污染场地筛选值；对于高于 13mg/kg 的采样点，是否人为污染还应做进一步分析。

5）暴露参数

（1）必须根据场地调查获得的参数。例如地下水埋深、表（下）层污染土壤到下（上）表面地表距离。

（2）优先根据场地调查获得，亦可采用推荐值的参数，无推荐值的可根据文献资料数据定值。例如人群暴露参数、土壤有机质含量、地下水土壤交界处毛细管层厚度、非饱和土壤层厚度、土壤含水率、土壤水渗透速率、土壤容重、土壤颗粒密度等。

（3）采用《导则》推荐值的参数。我国居民与国外居民环境暴露行为模式存在较大差异，在环境健康风险评价中应优先使用我国居民暴露参数，避免使用国外居民暴露参数所致偏差。以经水暴露为例，在水中污染物浓度相同的情形下，我国居民经口饮水暴露的健康风险是美国的 2.4 倍，经皮肤水暴露的健康风险是美国的 40%。同时要注意，我国地区、城乡、性别和年龄环境暴露行为模式差异明显。以城乡差异为例，我国城市居民平均每天室外活动时间为 3h、每日每千克体重呼吸量为 250L，农村居民分别为 4.3h 和 260L。在大气污染物浓度相同的情形下，我国城市居民暴露于大气污染的健康风险是农村居民的 70%。根据研究需要，必要时可开展人群环境暴露行为模式研究。

6）修复目标值

确定污染场地土壤和地下水修复目标值时应将基于风险评估模型计算出的土壤和地下水风险控制值作为主要参考值。在分析比较风险评估计算获得的风险控制值、

14

场地所在区域土壤中目标污染物的背景含量及国家有关标准中规定的限值后,合理提出土壤目标污染物的修复目标值,同时要兼顾技术可行性和经济可接受性。

2.1.3.2　地理探测器

地理探测器(geographical detector)是王劲峰等开发的探寻地理空间分区因素对疾病风险影响机理的一种方法,通过计算分类后各自变量方差之和与因变量方差之和的比来衡量自变量对因变量的贡献,其核心思想是基于这样的假设:如果某个自变量对某个因变量有重要影响,那么自变量和因变量的空间分布应该具有相似性。地理探测器包括分异及因子探测、交互作用探测、风险区探测和生态探测4个探测器。

2.1.3.3　地统计学方法

土壤污染物具有高度的空间连续性及空间变异性。污染物浓度的空间分布状况可以反映重金属污染物对人类健康和环境的潜在影响,对于污染源的风险分析和后续评价也非常重要。传统的评价方法不能反映土壤在空间上的污染变化,不能分析区域土壤污染状况和空间变化趋势。尤其在分析大尺度区域的土壤污染时,传统评价方法和手段就显示出其本身固有的缺陷和不足。基于此,地统计学空间技术在土壤污染风险评价中得到了越来越广泛的应用。

地统计学又称克力格法(Kriging),是利用原始数据和半方差函数的结构性,对未采样点的区域化变量进行无偏最优估值的一种插值方法。作为空间变异性比较稳健的工具,该方法可以最大限度地保留空间信息,揭示区域土壤各重金属元素含量的空间分布特征和规律。目前主要有普通克力格法(Ordinaly Kriging)、简单克力格法(Simple Kriging)、块段克力格法(Block Kriging)、协同克力格法(Co Kriging)、泛克力格法(Universal Kriging)、指示克力格法(Indictor Kriging)以及对数正态克力格法(Logistic Nonormal Kriging)等。

2.1.3.4　源解析

目前对源解析的认识存在两个层次,第一个层次只需定性判断出环境介质中主要污染物的来源类型,称为源识别(source identification);第二个层次是在源识别的基础上,定量计算出各类污染源的贡献大小,称为源解析(source apportionment),很多研究人员将两者统称为源解析。源解析具体方法包括特征比值法、主成分分析/因子分析-多元线性回归法(principal component analysis/factor analysis with multiple linear regression,PCA/FA-MLR)、正定矩阵因子分解法(positive matrix factorization,PMF)、化学质量平衡法(chemical mass balance,CMB)、同位素法、UNMIX、非负约束因子分析法(factor analysis with nonnegative constraints,FA-NNC)、绝对因子得分-多元线性回归法(absolute principal component scores with multiple linear regression,APCS-MLSR)等。

综上所述,土壤污染评价方法及案例如表2-3所示。

表2-3 土壤污染评价方法及案例

土壤污染评价方法		优点	缺点	案例		
				研究区域	污染物	评价概述
传统评价方法	单因子污染指数法	算法简便，是其他环境质量指数分级和综合评价的基础	只能反映一种污染物的污染程度，不能反映土壤的整体污染情况，只适用于区域单一污染物评价	传统评价方法均为常用评价办法，不再列举典型案例		
	内罗梅综合指数法	可以全面反映各污染物的情况，避免权值的削弱	可能会夸大或缩小污染因子的影响；只能反映污染的质程度而不能反映污染的质变特征			
	富集因子法	可以明确地判断污染物的人为污染状况	参比元素选择的不规范性会导致分析结果与实际情况之间有出入			
	地累积指数法	考虑到了自然成岩作用对地球化学背景值的影响	侧重单一污染物；K值的选择应根据实际情况做适当调整			
	潜在风险指数法	将生态环境效应和毒理学进行了有效的结合	侧重毒理评价，对复合污染时各污染物的加权或拮抗作用考虑不足			

土壤污染评价方法		优点	缺点	案例		
				研究区域	污染物	评价概述
数学模型	模糊数学模型	有效解决了土壤标准界限模糊性的问题	各指标权重确定的合理性对评价结果的科学性会产生较大的影响	广东大宝山矿横石河下游（付善明等，2014年）	Cd, Cr, Cu, Pb, Zn, As	将重金属元素的污染毒性系数引入模糊数学的污染评价模型中，并充分考虑其毒性指标值、权重，因素间相互作用影响，有效地克服了污染子不同时不同污染方法的共同影响，体现了土壤质量评价中所存在的模糊性特点，能更有效地评估研究区的复合污染特征
	灰色聚类模型	较模糊数学模型指标权重的设定更加科学；相邻级别的边界问题进行了很好的处理	为保证评价结果的合理性，引入修正系数对相关数进行修正，计算较频项	马鞍山重点矿区（郭绍英等，2017年）	Cd, Hg, Pb, Cr, Cu, Zn	在传统灰色聚类法的基础上，以白化两数为切入点进行灰色聚类模型的改进优化；该改进方法相对于传统统计评价方法更能综合反映土壤受污染物的协同作用，评价结果更为客观
	层次分析法	适用于规模大、影响因素多的土壤环境质量评价	评价过程中只运用污染物实测数值排序并未使用实测数值，会在一定程度上降低评价结果的精准度	南京市郊典型蔬菜地（陈峰，2012年）	Cd, Cr, Cu, Pb	运用改进层次分析法（确定权重的加权平均法）+地理信息系统展示的方法对研究区4种重金属的污染状况和空间分布特征进行了评价

土壤污染评价方法		优点	缺点	案例		
				研究区域	污染物	评价概述
综合评价方法	健康风险评价	能够有效估算污染物质对人体的健康危害概率，可为重点污染地的优先控制和环境治理提供科学依据	健康风险评价的过程中涉及的环节多，不确定性较高；不同污染物、不同用途、不同人群，其具体参数差异较大，有一定的难度	山西省某大型钢铁工业区中的大型钢铁厂及其周边表层土壤(姚万程等，2022 年)	多环芳烃	研究区土壤中低环经具有较高的潜在生态风险，成人与儿童均存在潜在的致癌风险。后续应对该区域加强风险管控和土壤修复治理
	地理探测器	是探测自空间分异以及揭示其背后驱动力的一组综合性强且有效的方法	数值型自变量离散化的离散方法和最佳离散数，导致使用不同的自变量离散化方法或不同分类结果的自变量离散结果可比性和可信度有待商榷；4 个探测器的选择、数据收集整理和模型建立等掌握起来有一定难度	山西省忻州市(李强 等，2021年)	Hg	采用因子探测和交互探测分析了燃煤工业区耕地、草地和同地 3 种同土地利用类型土壤中汞含量空间变异产生的原因
	地统计学方法	可以在只有少量数据的情况下利用空间插值对污染物进行比较精准的空间分析；能够在满足一定精度的情况下适当降低采样的情况。该技术可以很方便采用地统计相关等网络，神经网络等相关色聚类，可与模型进行结合	地统计学方法模型很多，实际应用时模型的选择以及如何降低预测误差、提高预测精度是一个难题	北京市通州区中部(谢云峰 等，2015年)	Cu，Pb	基于贯穿高斯模拟(SGS 方法)获得的土壤 Cu，Pb 模拟结果与调查采样点的统计特征基本一致，且空间分布格局也相似

土壤污染评价方法		优点	缺点	案例		
				研究区域	污染物	评价概述
综合评价方法	源解析	可以准确地解析出各个贡献源及其贡献率，特别是源识别与源运用，相互验证，在弥补不同方法间局限性的同时，可以提高源解析的精准度	各类受体模型主要依靠于多元统计方法；部分源解析模型没有办法定量各因子贡献率，一般只能作为判断污染来源的辅助手段	黄河中下游农田（陈志凡等，2020年）	重金属	运用PMF模型解析出工业源、大气沉降和农业与污灌源等人为因素是研究区土壤重金属累积的主要贡献者
				宁夏灵武市东部东镇某镇煤化工区（张凯等，2017年）	重金属	运用相关性分析与聚类分析得出Cr、As、Se、Ag、Cd属于人为源，且煤气化污染源贡献率最大
				山西省太原市（栗钰洁等，2022年）	多环芳烃	运用PMF模型解析出燃煤交通混合源是城市地区多环芳烃致癌风险的最大来源
				钢铁工业区（刘添鑫等，2022年）	多环芳烃	钢铁工业区表层土壤中多环芳烃主要来源于工业燃煤

2.2　土壤污染修复方法

2.2.1　土壤重金属污染修复

2.2.1.1　物理修复技术

1）热处理技术

热处理技术是指对土壤进行加热并升温的物理修复方法，具有均质、相对渗透性、非饱和、包含易挥发重金属的土壤一般采用热处理技术进行修复。姚高扬采用热处理技术对土壤中的汞污染进行修复后，Haung 等发现，热处理温度过高会导致土壤分解，破坏土壤微生态环境，降低土壤有机质，进而引起土壤理化性质的改变。

2）客土和换土修复技术

客土和换土修复技术即把重金属污染严重超标的土移除，并采用未污染的土壤填埋与代替。换土、客土与深耕翻土等方式构成了客土与换土修复技术。深耕翻土将表面受重金属污染的土层翻到底部，适用于轻度污染土壤；针对污染较严重的土壤，宜采用异地客土的修复技术。客土和换土修复技术一般只适用于土壤污染面积较小的情况。

3）玻璃化修复技术

玻璃化修复技术是把重金属污染的土壤置于高温高压条件下，使重金属熔化并经过快速冷却形成稳定的玻璃态物质，使重金属固定于其中，达到消除重金属污染的目的。其修复机理为，重金属离子会与玻璃态的非晶态网格发生化学结合并被捕获，形成惰性物质，使其成为具有低浸出率与孔隙率的玻璃化材料，从而去除土壤中的重金属。玻璃化修复技术对于温度的控制通常较为严格，对土壤加热将增加其修复成本，利用太阳能加热可以显著节约修复的成本，加入活性炭、纳米材料、生物炭、粉煤灰等可以提高玻璃化修复的效率。Navarro 等利用太阳能加热对尾矿土壤进行玻璃化修复，节约了修复成本。玻璃化修复技术适用于高污染、污染面积小、含水率较低的土壤。

2.2.1.2　化学修复技术

1）土壤淋洗技术

土壤固持金属的机制可分为两大类：一是以离子态吸附在土壤组分的表面；二是形成金属化合物的沉淀。土壤淋洗技术是利用淋洗液把土壤固相中的重金属转移到土壤液相中去，再把富含重金属的废水进一步回收处理的土壤修复方法。土壤淋洗技术按照场地可分为原位淋洗技术与异位淋洗技术，原位淋洗具有经济性、彻底性、时间短等优点。如图 2-1 所示，异位淋洗通过水等淋洗液冲洗颗粒表面吸附的污染物，促使污染物从土壤固相颗粒转移至液相，实现土壤净化和污染土壤减量的目的。污染土壤经筛分、破碎等预处理工序去除较大粒径（>50mm）渣块后，剩余土壤经水力分离逐级筛选出的较大粒径颗粒经冲洗后达标，较小粒径颗粒与洗脱废水混合为泥浆。泥浆固液分离后的滤液采用混凝沉淀、催化氧化、活性炭吸附等工艺处理后回用，重金属污染泥饼采用固化稳定化工艺处理，有机物污染泥饼采用热脱附或水泥窑处理。土壤淋洗技术适用于面积广、污染严重的重金属污染土壤，但需要运输道路与场地支持该技术的应用。常用的土壤淋洗剂主要有盐、氯化镁、活性剂、螯合剂、氧化剂、还原剂等。

淋洗机理大体可分为络合、离子交换、酸解等，具体过程：土壤中的重金属污染物溶解并形成溶解态的金属络合物，降低其与土壤的黏附性和表面张力，使重金属转化为可溶形态并从土壤中去除。淋洗过程要特别注意工艺条件、土壤性质、重金属性质等。

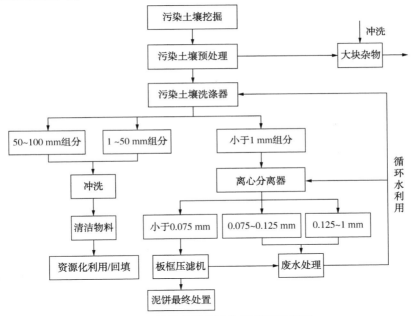

图 2-1 异位化学淋洗修复流程示意图

2）固化/稳定化法

固化/稳定化技术是指向受重金属污染的土壤中适量添加固化/稳定剂，在离子交换、沉淀或共沉淀、吸附等反应的条件下，重金属在土壤中的存在形态发生改变，减少了土壤中的重金属的迁移性、浸出性、生物有效性，阻止重金属对生态环境的危害，包括固化和稳定化两个部分，简称为 S/S 土壤修复技术。其中，稳定化一般利用化学药剂钝化土壤中重金属污染物，减少其生物有效性；固化即采用高结构、完整性的固体对重金属进行封存，从而减少重金属的释放与流动。

常见的固化材料有黏土矿物、生物炭、石灰类改良剂、磷酸盐、金属氧化物、有机肥料等，固化材料的选择对重金属污染土壤的固化修复起着决定性作用。土壤固化/稳定化效果受化学因素与物理因素双重影响。周坤渊等研究了碱性废渣对重金属的稳定化机理。固化剂与污染土壤的充分接触是固化成功的关键。

3）电动修复

电动修复是通过电流的作用，在电场的作用下，土壤中的重金属离子（如Pb、Cd、Cr、Zn 等）和无机离子以电渗透、电脉、电迁移的方式向电极两端运输，然后经工程化的收集系统进行集中处理。

2.2.1.3　生物修复技术

1）植物修复

植物能够通过吸收转运、根际稳定两种方式来去除重金属或将其稳定为无害状态。使用植物修复法对重金属污染土壤进行修复，选取高品质的植株是研究的重点。重金属超累积植物（hyperaccumulator）的概念最早由 Brooks 于 1977 年提出。理想的重金属超累积植物具有以下特征：①重金属累积量是普通植物的 100 倍以上；②对重金属吸收累积时，不会抑制植物本身的正常生长；③对高浓度的重金属具有耐受性；④生物量大；⑤生长周期短；⑥根系发达，在土壤中分布广且深。

植物修复是利用能忍耐或超积累某种或某些重金属的特性来修复重金属污染土壤的技术总称，是指利用植物固定、植物稳定、植物提取、植物挥发等机制修复土壤重金属污染。

（1）植物固定：利用植物的根能改变土壤环境（比如 pH 值、土壤湿度）的能力，或利用根系分泌物能使重金属沉淀的能力，以减少重金属的生物可利用性，从而减少重金属被淋滤到地下水或通过空气扩散进一步污染环境的可能性，主要通过重金属在根部积累和沉淀或根表吸收来加强土壤中污染物的固定，它的一个优点是不需处理负载重金属的植物组织。

（2）植物提取：利用重金属超累积植物从土壤中吸收重金属污染物，并将其转移至地上部分，通过收割地上部分集中处理，使土壤中重金属含量降低到可接受水平的一种方法。例如在污染土壤中种植对砷具有超常富集能力的蜈蚣草，蜈蚣草在生长过程中快速萃取、浓缩和富集土壤中的砷，通过定期收割蜈蚣草去除土壤中的砷，实现修复土壤的目的。收割的蜈蚣草进行焚烧处置，焚烧灰渣经鉴别按一般固废或危险废物进行处置。Zhang 等研究了碱蓬提取 Mn、Pb 和 Cd 后土壤理化性质的改变，结果表明，碱蓬对重金属具有较好的耐受性，会引起土壤 pH 值与过氧化氢酶活性的变化。聂发辉采用商陆对 Cd 污染的土壤进行修复，结果表明，商陆可以作为 Cd 的超积累植物。He 等研究了蓖麻对 Cd 与 Zn 的提取机理，结果表明，植物细胞壁羟基、氨基、羧基、酰胺基是植物吸取重金属的关键结合位点。

（3）植物挥发：利用植物根系分泌的一些特殊物质或微生物使土壤中的某些重金属转化为挥发形态，或者植物将污染物吸收到体内后将其转化为气态物质，

22

释放到大气中。该方法适用于可挥发重金属，如 Hg 的修复。Grzegórsk A 等研究了拟南芥和烟草对汞的修复过程，结果发现，植物改变了汞的价态，降低了汞的毒性，并将其从表面挥发出来。

2）微生物修复

挥发、浸出、沉淀、氧化还原、吸附固定等是微生物吸附重金属的主要机制。叶文玲等发现，微生物可以通过代谢作用将部分重金属离子进行沉淀，增加了重金属的稳定性。气候、水文地质条件、污染物种类与浓度、微生物种类等会显著影响微生物的修复效果。Wang 等研究了砷、锑对微生物种群的影响，研究发现，重金属会降低微生物酶的活性并对测试微生物产生毒性作用。Hassan 等研究了微生物对土壤中重金属的去除机理，结果表明，微生物通过释放胞内酶与重金属络合、隔离、沉淀进而去除金属污染，并发现微生物对不同种类的重金属具有不同的去除率。杨雍康等研究表明，微生物对污染土壤的修复机制有 2 种类型，分别为：微生物通过吸附土壤中的重金属以减少污染土壤的危害；微生物通过释放有机酸及植物所需的营养物质进而加强植物修复的作用。

微生物修复是一种具有生态友好和成本效益的方法，为了提高微生物对土壤中重金属的修复效率，一方面可以通过外加营养元素或采用基因工程的技术方法进行改良；另一方面可以通过寻找抗重金属胁迫的优势菌种或采用联合修复的方式来提高修复效率，如物理-化学-生物或植物-微生物等联合修复方式。

3）动物修复

利用土壤中的动物对重金属进行富集和转化，之后收集土壤动物进行后续处理，从而修复土壤重金属污染。郭永灿等发现蜘蛛、蚯蚓对土壤中重金属具有一定的富集与耐受能力，通过毒性毒理研究可知，土壤中重金属浓度越高，修复动物体内重金属浓度也相应提升。单一的土壤动物对重金属修复能力有限，但动物联合修复技术可以使土壤动物发挥"催化剂"的作用。李法云等论述了蚯蚓在土壤修复中所发挥的作用，其能增加微生物向污染土壤的迁移速度，从而增强土壤修复的效果，起到类似"催化剂"的作用。

目前，国内对土壤动物修复的研究文献较少，但对土壤动物的环境检测研究相对较多，未来应采用动物修复辅助已经成熟的土壤修复技术，使修复的速率和效率得到提升。因此，土壤动物修复有待进一步研究与发展。

2.2.1.4　联合修复技术

与单一技术相比，联合修复技术（如电动-植物联合修复、土壤改良剂-微生物联合修复、微生物-植物联合修复等多种修复方法联合使用）可以增强土壤重金属的修复效果。电动+植物联合修复能活化土壤重金属或使其重新分布，进而促进植物对污染土壤中重金属的富集，而且对植物生物量具有一定的促进作用。

综上所述，重金属污染土壤修复技术及案例如表 2-4 所示。

表 2-4 重金属污染土壤修复技术及案例

修复技术名称		优点	缺点	影响因素	修复典型案例		
					研究区域	污染物	修复效果
物理修复技术	热处理技术	工艺设备简单，修复效果好、耗时短、修复效果好	能耗大，适用范围小、破坏土壤本底环境，限制了该技术的应用	加热温度、土壤质地等	万山汞矿（姚高扬，2017年）	Hg	汞含量降至1.44mg/kg，低于《土壤环境质量标准》（GB 15618—1995）三级标准规定的1.5mg/kg
	客土和换土修复技术	修复效果好、效率高	耗费人力物力，投资较高，损害土壤原有肥力	污染面积、污染程度等	铜陵铜官山水木冲铜尾矿库（方青等，2021年）	Mn、Cu、Zn、Cd 和 Pb	客土改良能降低有效态 Mn、Cu、Zn、Cd、Pb 含量
	玻璃化修复技术	修复效率高，时间短，产物稳定、适用范围广	高温处理会导致重金属的扩散，挥发性大气环境造成大气污染；高温也会导致土壤原有生态功能的破坏	温度、污染面积、土壤含水率等	（Mallampati S R 等，2015年）	Cs	最大固化率达到96%
化学修复技术	土壤淋洗技术	修复效率高，时间短，去除彻底，操作人员不直接接触污染物等	对黏粒含量较高、渗透性比较差的土壤修复效果比较差；费用高，难以用于大面积的实际修复中；淋洗后的废液的回收处理及淋洗剂的残留可能造成二次污染问题，且可能造成土壤结构的破坏	重金属种类、存在形态、pH值、淋洗剂浓度、淋洗时长、有机质类型、阳离子交换量、土壤质量等	湖南省某铅锌冶炼厂附近表层土壤（0～20cm）（薛清华等，2019年）	Cd、Pb	经过三级淋洗，EDTA（乙二胺四乙酸）+柠檬酸对土壤中 Cd、Pb 的淋洗率达 63.5% 和 70.3%；DTPA（二乙基三胺五乙酸）+柠檬酸对土壤中 Cd、Pb 的淋洗率达 61.4% 和 72.5%

修复技术名称	优点	缺点	影响因素	研究区域	污染物	修复效果
						修复典型案例
化学修复技术 固化稳定化法	固化稳定化具有成本低、修复周期短、施工简单、技术使用限制少、施工有效等优点，适用于污染面积大、中或轻度重金属的轻或中度污染土壤，被广泛应用于重金属污染土壤的修复	该技术对污染物很难彻底清除，可能导致周围环境存在潜在风险，并对人居环境产生不利影响	组分动态平衡状态、pH值、液固比、络合作用、氧化还原电位、吸附作用、矿物化学因素、生物活动等化学因素；修物质转运量、地透气系数、孔隙率、粒度大小、块状况等物理因素	英国某污染场地（WANG F 等 2014年）	Cd、Pb、Cu、Zn	水泥固化降低了重金属的浸出浓度
				湖南某矿区污染菜旱地菜园表层土（0~20cm）(文武，2012年)	As	不同浓度含铁材料和稀土材料都能明显降低土壤有效 As 的含量
				江西某冶炼污染地块（江西表园地）	Cd、Cu	项目规模2000亩（约133.3×10⁴ m²），实施周期3年，修复后土壤中有效态镉降低51%~75%，有效态铜降低52%~95%。重度污染区土地能从寸草不生到可以种植具经济价值的生物质能源植物等；中度污染土地生态恢复良好、种植的巨菌草等能源植物与花卉苗木亩产值1100~4000元；轻度污染水稻区水稻单产提高20%~33%，糙米中镉平均含量下降47%以上
电动修复	能耗低，修复彻底，经济效益高	对大规模污染场地土壤的修复仍不完善	土壤pH值、缓冲性能、土壤组分及污染金属种类，以及电压施加方式、电场强度、电极材料、电极布置方式	江苏常熟关停的电镀金属（樊广萍等，2015年）	Cu、Pb、Ni、Cr⁶⁺	铜的去除率最高达78.7%，镍的去除率最高达53.3%，六价铬的去除率最高，达93.3%

修复技术名称		优点	缺点	影响因素	研究区域	修复典型案例	
						污染物	修复效果
生物修复技术	植物修复	操作简单,绿色环保,经济,公众接受度高,适用于具有扩散性、细粒结构以及污染面积较广的污染土壤	生物量小,修复时间较长,对深度污染土壤无法修复,限制了其商业化,也不适合重金属污染较严重的土壤修复	植物的种类;风速、湿度、温度等气象因素;光照、土壤颗粒比表面积、质地、pH值、水分、质地(黏粒含量)、有机质含量等土壤因素	齐齐哈尔市嫩江(刘丽杰,2020年)	Cu^{2+}、Ni^{2+}	车前草具有一定的修复土壤重金属 Cu^{2+} 和 Ni^{2+} 的潜能,可作为土壤污染等的选择植物
	微生物修复	环境友好,成本低、节省,公众接受度高	受环境条件和微生物种类的限制较多	气候条件、水文地质条件、微生物多样性和污染物种类与浓度	广西崇左大新县铅锌矿区(罗雅,2012年)	Cd	添加耐酸性细菌可提高根际微生物数量和香根草活力;其增加了土壤中可溶态重金属的百分比,利于植物吸收。在单一 Cd 污染土壤修复中对 Cd 的提取量最大可提高96.47%
	动物修复	绿色环保,能增加微生物向土壤污染物的迁移速度,可发挥"催化剂"作用,增强修复效果	修复能力有限	土壤动物种类和数量、土壤机构等	株洲有色冶炼厂周边地区(郭永灿等,1996年)	Cd、Pb、As、Zn	各种重金属元素在蚯蚓、蜘蛛、蚰蜒等土壤动物体内都有不同程度的累积。蚯蚓对重金属有很强的富集能力,其体内 Cd、Pb、As、Zn 含量与土壤中相应元素含量呈显著的正相关
联合修复技术		修复进度快,修复效率高,修复成本低	联合修复技术的选择需经过大量实践的检验	不同的联合修复方法,影响因素不同	山东省黄河三角洲生态恢复区(董盼盼等,2022年)	Pb、Cd	生物炭+植物联合修复:对植物生长期内植物形态特征及重金属水平和垂直分布状况的研究表明,该方法宜对土壤 Pb、Cd 的修复效果良好

2.2.2　土壤有机物污染修复

典型的土壤有机污染物主要包括石油烃(TPHs)、有机农药、多氯联苯(PCBs)和多环芳烃(PAHs)。目前，污染土壤有机物修复的技术研究虽然较多，但是真正大规模应用的修复技术仍然有限。有机物污染土壤的修复技术主要有气相抽提技术、热脱附技术、生物修复技术和联合修复技术等。

2.2.2.1　物理修复技术

1)气相抽提技术

土壤气相抽提(soilvaporextraction，SVE)，也称"土壤通风"或"真空抽提"，运行机理是利用物理方法去除不饱和土壤中挥发性有机物(volatile organic compounds，VOCs)，用真空设备产生负压驱使空气流过土壤孔隙，从而夹带 VOCs 流向抽取系统，抽提到地面后收集和处理。土壤气相抽提系统主要由抽气井群、输气管道、抽气系统(负压风机或真空泵)和尾气处理系统组成。尾气处理可采用活性炭吸附、催化氧化或焚烧等方法；尾气处理产生的废弃活性炭及气水分离系统产生的废水采用适宜技术妥善处理。该技术利用真空泵抽除土壤中的气体，使土壤中的污染物产生挥发作用，将污染物由固相或液相转化为气相，并借由抽气井抽气，使污染区土壤产生负压，迫使污染物随土壤气体往抽气井方向移动而被抽出；被抽出的土壤气体可进行回收或经处理后排放。该技术在操作时，有时会在表面覆盖一层不透水布，以避免产生短流现象，并增加影响半径及处理效率。

2)热脱附技术

热脱附技术是一种破坏污染物结构的物理分离技术，通过加热将水分和有机污染物从土壤中分离，并由载体气体或真空系统输送到尾气处理系统，适用于挥发性有机物和半挥发性有机物，以及高沸点含氯有机污染物(包括多环芳烃、有机农药和多氯联苯)，特别适用于高浓度有机物污染和汞污染土壤修复。

按照处理场所的不同，通常将热脱附修复技术分为原位热脱附技术(in-situ thermal desorption，ISTD)和异位热脱附技术(ex-situ thermal desorption，ESTD)。按照加热方式不同，原位热脱附技术可分为电热脱附(electrical resistive heating，ERH)、热传导热脱附(thermal conduction heating，TCH)和蒸汽加热脱附(steam enhanced extraction，SEE)等。燃气热脱附技术(gas thermal desorption，GTD)在原位热脱附技术中表现优异，以天然气或液化石油气为能源，通过热传导方式加热污染地块，结合抽提装置实现降低地块污染物浓度的目的。

热脱附是将污染物从一相转化为另一相的物理分离过程，在修复过程中并不出现对有机污染物的破坏作用。通过控制热脱附系统的温度和污染土壤停留时间，有选择地使污染物得以挥发，并不发生氧化、分解等化学反应。热脱附作为一种非燃烧技术，污染物处理范围宽，设备可移动，修复后土壤可再利用，广泛用于有机物污染土壤的修复。

3）常温热解析技术

常温热解析技术是将污染土壤挖出，移至临时密闭大棚内，用机械堆放成条垛，定时翻动，并在大棚内强制通风，保持负压，促使土壤中挥发性污染物挥发，防止污染气体外溢。当土壤中的污染物浓度达到修复目标浓度时，即为修复终点，停止翻动。修复后的土壤从大棚内移出，可用于回填土方。从土壤中挥发出的污染气体，经集中收集后用旋风除尘器除尘、三效活性炭吸附，或用焚烧的方法处理合格后达标排放。对于沸点在 50～250℃、室温下饱和蒸气压超过133.32Pa、常温下以蒸气形式存在于空气中的污染物尤其有效。

2.2.2.2　生物修复技术

1）植物修复技术

植物修复的实质就是利用植物–土壤–微生物三者形成的体系来共同降解或固定环境中的污染物。植物能够有效修复有机污染物并促进根际微生物的代谢速度，同时加快对有机物污染土壤的修复进程。

2）微生物修复技术

微生物修复技术，这里主要是指利用土著微生物或引入微生物的代谢作用将土壤和地下水中的有害有机物降解为无害无机物或其他无害物质。按照处理土壤的位置是否改变，微生物修复技术又可分为异位微生物修复技术和原位微生物修复技术。原位微生物修复技术是在不搅动土壤的前提下，直接向土壤中提供微生物所需的物质（如氧气、营养物质等），促进微生物的代谢作用，以达到降解污染物目的的工艺。一般采用土著微生物处置，有时也加入经驯化和培养的微生物以加速处理。异位微生物修复技术是将受污染土壤、沉积物挖出，在挖出的污染土壤中加入所需的药剂（营养物质或菌种等），采用不同的方式（如堆肥方式、耕作方式、生物反应器方式等）使土壤中微生物进行代谢作用，降解污染物，达到修复效果。

微生物修复技术主要用于可进行生物降解的有机污染物以及进行转化并固定在土壤中的重金属，例如有机氯农药、石油烃物质等。在应用前，需进行实验，确保场地土壤含有所需的菌种或外来菌种可以繁殖，同时也需确定污染物类型和浓度对所需菌种的繁殖不会存在抑制作用。一般污染程度较高的场地不太适合微生物修复技术。当污染物浓度太低不足以维持一定数量的降解菌时，残余的污染物就会留在土壤中，而无法达到修复目标。此时，需将微生物修复技术与其他技术相结合进行处理。

3）生物通风技术

生物通风技术是气相抽提与微生物修复技术相结合的一种土壤原位修复方法，是利用土壤中的微生物对不饱和区中的有机物进行生物降解，而在毛细管区和保护区的土壤不受影响。可采用向不饱和区注入空气（或氧气）、添加营养物（氮和磷酸盐）和接种特号工程菌等措施来提高生物通风过程中微生物的降解能力。

2.2.2.3 化学氧化技术

化学氧化技术是使用氧化剂，通过氧化反应将污染土壤中目标有机污染物降解为毒性较低的产物或者无害产物。化学氧化技术主要是根据目标污染物种类和浓度等参数，通过向污染土壤中加入适量的氧化剂，氧化剂作为电子接收物质，通过氧化反应从目标污染物处接收电子，促使目标污染物分解。常用的氧化剂包括过氧化氢、Fenton/类 Fenton 试剂、活化过硫酸盐、高铁酸盐和臭氧等。

根据氧化剂的投加方式可分为原位化学氧化和异位化学氧化。其中，原位化学氧化是将液态的氧化剂，使用注射设备直接注入污染区域，单个注射区域的影响范围由污染区域的水文地质条件、药剂性质共同决定。为了防止药剂无法顺利达到预期的影响范围，单个注射区域之间一般互相重合，确保修复效果。原位化学氧化技术一般采用两种药剂注入方法：设置注射井或直接注入，前一种模式由于初始设备投入和建井成本较高，一般用于深层且需要长期频繁注射药剂的修复项目；而后一种模式单次注射成本相对较低，但是如果需要频繁进行药剂注射，则潜在综合成本高于前者。

2.2.2.4 水泥窑协同处置技术

水泥窑协同处置技术是将污染土壤在高温段投入回转窑，通过与其他物料混合形成物理封闭或发生化学反应提高污染物质的稳定性，从而达到降低污染介质中污染物活性的目的。经水泥窑协同处置后，污染物被完全分解，土壤成为水泥，无须再进行处置。水泥工业烧成系统和良好的废气处理系统使燃烧之后的废气经过较长的路径进入冷却和收尘设备，污染物排放浓度较低，废气处理效果好。该技术主要利用水泥回转窑内的高温、气体长时间停留、热容量大、热稳定性好、碱性气氛、无废渣排放等特点，在生产水泥熟料的同时，焚烧处理废弃物，既可有效节省资源，又能保护环境，具有良好的经济效益和社会效益。拟焚烧该污染土壤的水泥窑须环保手续齐全，不产生二次污染。水泥窑协同处置技术能够实现对有机物的分解而达到无害化，具有可行性，目前已有成功的运用案例。

2.2.2.5 联合修复技术

对于某些污染组分复杂的污染场地，单纯使用一种修复技术很难达到预定周期内的修复目标，或者不具有经济可行性。在实际土壤有机污染物的修复过程中，根据土壤污染物的种类、严重程度及修复周期等具体情况，可整体考虑物理和化学技术修复效率高、修复能力强的特点，以及生物修复技术的绿色环保和可持续等特点，发挥各种修复技术的优点，尽量避开它们的缺点，保证修复的综合效果。

综上所述，有机物污染土壤修复技术及案例如表 2-5 所示。

表 2-5 有机物污染土壤修复技术及案例

修复技术名称		优点	缺点	影响因素	研究区域	污染物	修复效果
物理修复技术	气相抽提技术	简单易行，便于管理，处置过程地扰动性低，处理时间短，性价比高，且能与其他处置技术联用等	只对不饱和土壤有效，对于低渗透性的土壤或层状土壤结构处理效果不确定；处理周期较长	土壤的渗透性、土壤湿度及地下水深度、土壤结构和的分层，气相抽提流量和 Darcy 流速、蒸气压力与环境温度	昆明某焦化制气有限公司场地（向睿等，2021 年）	苯和二甲苯	达到《场地评价筛选值》（DB11/T811—2011）工业/商服用地标准（苯<1.4mg/kg，二甲苯<100mg/kg）
					广东某柴油污染场地（刘沙沙等，2013 年）	石油烃（TPH）	总石油烃的最高去除率达 64.88%
	热脱附技术	适用范围广，成本相对经济（尤其是处理大量土方时），设备安装便捷，加热过程安全，不破坏土壤结构，容易与其他技术进行联合修复	若含有重金属，处理后的产物可能需要稳定化，黏土和粉砂质的土壤由于和高腐殖质含量的土壤腐殖酸的结合，会增加反应时间，修复过程中的扬尘和粉尘污染较难控制	土壤可塑性、土壤含水率、土壤粒径、土壤渗透性、土壤热容重、土壤腐殖度、金属殖酸度、系统温度、加热时间、污染物浓度、沸点和二噁英等需要考虑的形成	某退役煤气厂（陈俊华等，2022 年）	苯、萘和石油烃	苯、萘分别为 100%、92% 和 95%
					某退役溶剂厂（张学良等，2018 年）	苯、氯苯和石油烃	苯、氯苯和石油烃类去除率分别为 99.88%、99.84% 和 97.58%
					苏州某末污染地块浅层黏土层模拟实验（蒋村等，2019 年）	氯苯	氯苯去除率最高为 96.99%
					广西某有机污染场地（周永信等，2019 年）	α-六六六、β-六六六、苯并(a)芘、三氯甲烷	α-六六六、β-六六六、苯并(a)芘的最高去除率最高去除率分别为 100%、97.73%、69.49% 和 100%
	常温热解析技术	操作简单，修复效果明显，修复成本低，适用浓度范围广	某些不利条件下（如环境温度低、土壤黏度大等）存在拖尾现象	环境因素、土壤质地等	新余某化工厂（谭竹，2022 年）	苯、甲苯、乙苯、二甲苯，石油烃（$C_{10} \sim C_{40}$）	成功修复污染土壤 90770m³

修复技术名称		优点	缺点	影响因素	修复典型案例		
					研究区域	污染物	修复效果
生物修复技术	植物修复技术	成本低、不改变土壤性质、二次污染性小	修复周期长，污染程度不能超过修复植物的生长速度	修复植物的种类、温度、湿度、风速及光照等气象因素；土壤颗粒比表面积、土壤质地、土壤pH值、土壤水分、土壤有机质含量等	盆栽实验污染土壤(刘世亮等，2007年)	苯并(a)芘	在1mg/kg、10mg/kg、50mg/kg苯并(a)芘处理浓度下，黑麦草生长对苯并(a)芘的降解率分别达90.3%、87.5%、78.6%，明显地高于无植物的土壤
	微生物修复技术	代谢途径多、成本低、二次污染小	修复周期较长，且大部分微生物只能特定地降解一种或几种污染物	温度、氧气、pH值	培养基实验(付文祥，2006年)	敌敌畏	敌敌畏的降解率达86.7%
					广钢白鹤洞地块污染土壤样品(陈俊华等，2020年)	总多环芳烃	总多环芳烃降解率高达91.24%
	生物通风技术	高效、修复费用低	不适用于渗透性低、黏粒含量高的土壤	土壤渗透性、土壤质地(黏粒含量)	孤岛油田(霍乾伟等，2022年)	石油烃	对石油烃降解率最高达到62.8%；根据控制降解处降解阶段合理降解条件，才能获得最好的降解效果
					北京市通州水利科学研究所实验场实地细砂(杨金凤等，2018年)	总石油烃	对修复成品柴油非常有效

续表

修复技术名称	优点	缺点	影响因素	研究区域	修复典型案例	
					污染物	修复效果
化学氧化技术	长效性，易操作；原位化学氧化技术费用合理；异位化学氧化技术不受土壤深度的限制	易造成二次污染，原位化学氧化技术深度受限；异位化学氧化技术费用较高	土壤含水量，温度，土壤酸碱度和有机质含量等	焦化厂土壤（赵丹等，2011年）	多环芳烃（PAHs）	高锰酸钾对总PAHs的去除效率最高，达96%，对总活化过硫酸钠，对PAHs的去除效率为80%；类Fenton试剂对PAHs的去除效率可达92%；过氧化氢和类Fenton试剂对PAHs的去除效率最低，均小于60%
水泥窑协同处置技术	投入少，成本小，建设期短；污染物没有新生危险废物，具有容量优势	在实际处置过程中选取合适的水泥窑协同处置企业较难；由于水泥窑协同处置污染物受水泥品质、产量及设备的影响，只能局限某些来源和组成稳定的污染物	污染物种类，水泥生产需求量	各类污染土壤（徐玉等，2021年）	医药制造业——多环芳烃类；纺织业——SVOCs，石油行业——石油烃、苯并（a）芘、化学原料和化学制品制造业——多环芳烃，二恶英，氯代烃，2,4,6-三氯苯酚等	河北省已备案土壤修复项目中，约有8%利用水泥窑协同处置技术进行污染土壤修复

修复技术名称	优点	缺点	影响因素	修复典型案例		
				研究区域	污染物	修复效果
联合修复技术	修复进度快、修复效率高、修复成本低	联合修复技术的选择需经过大量实验和实践的检验	不同的联合修复方法，影响因素不同	清洁土壤与污染土壤混合配制成PAHs质量浓度为44.29mg/kg的实验土壤（赵琦慧等，2022年）	多环芳烃（PAHs）	油菜通过吸收作用对低环芳烃去除效果较好；而降解菌更好地通过降解作用去除高环芳烃；油菜+降解菌可以互相促进，互为补充，其对PAHs去除效果均优于单一修复
				石油类污染场地（Tsitonaki A，2010年）	2,4-二硝基甲苯	过硫酸钠+10天微生物联合修复，污染物最大去除率98%
				苯并芘污染场地（Xu S，2018年）	苯并芘	过硫酸钠+10天微生物联合修复，污染物最大去除率98.4%
				PAHs污染土壤（Gryzenia J，2009年）	PAHs	10天预氧化+33天生物刺激联合修复，污染物最大去除率92.3%
				中国科学院沈阳生态实验站洁净土壤（徐文迪等，2019年）	芘	电芬顿与生物泥浆法联合修复（EF-BIO）对芘的去除率高达91.02%，比单独使用两种方法的去除率提高50%以上

2.2.3 绿色可持续修复

21 世纪以来，国际修复界最重大的进展之一是绿色和可持续修复运动的兴起。绿色和可持续修复的内涵并不像字面意思一样，使用植物或者生态修复方式来进行环境治理，真正的绿色可持续修复技术必须是基于可持续性评价来界定的。在有些情况下，植物修复有可能由于效率低、耗时长以及二次污染排放等原因，被认为是"非绿色可持续"的；相应地，在一些情况下，比如在处理土壤中氯代烃造成的地下水长期污染的场地时，基于热脱附技术的修复方式有可能因为能更高效地去除污染物，使得对环境的二次影响最小，被认为是"绿色可持续"的技术。

我国在符合绿色可持续修复理念的修复技术研发方面有较多的进展，但是在应用层面比较落后。2020 年 6 月 1 日，由清华大学、生态环境部土壤与农业农村生态环境监管技术中心、生态环境部环境规划院、北京建工环境修复股份有限公司、北京高能时代环境技术股份有限公司牵头的《污染地块绿色可持续修复通则》正式实施。该标准规定了污染地块绿色可持续修复的原则、评价方法、实施内容和技术要求，适用于对经风险评估确认需要治理与修复的污染地块开展的污染土壤和地下水修复及其相关活动。针对污染地块或者污染区域的城市规划、用地规划等项目也可参考使用。

随着绿色和可持续修复理念的逐渐发展，自然衰减作为一种低成本的环境友好型技术，受到了越来越多的关注。该技术是实现基于风险管控的污染场地管理的核心，其原理为：在监测土壤、地下水中污染物动态机理的基础上，合理设定环境受体，利用或强化大自然固有的物理、化学和生物作用，降低污染物的浓度、毒性、迁移性等，控制土壤和地下水中污染物浓度。与其他修复技术相比，自然衰减技术更经济、有效、绿色和可持续。我国关于自然衰减科研工作主要侧重于加油站与石化、煤化工等化石燃料类污染场地、化工厂废弃场地、垃圾填埋场、污水灌溉场地等，污染物种类包括石油烃类、芳香烃、有机氯溶剂等。吉林大学相关团队的王冰，通过自然衰减实验室模拟实验，研究柴油等污染物在不同包气带介质中的自然衰退机理，讨论包气带的深埋。蒋灵芝等利用质量通量方法计算出地下水中苯系物和乙醇等物质的自然衰减速率常数；蔡婧怡等以华北平原的某石油化工类场地作为案例，通过调查该地区土壤与地下水的污染现状，对该地区中含水层自然降解苯系物的量进行了估算。

自然衰减并不适用于所有类型污染物场地的修复，在某些场地中的特定类型污染物，其转化生成的中间产物甚至会使污染物毒性增加。我国对自然衰减技术的研究目前以实验室研究为主，应用于污染场地的案例较少。总结国内对于场地污染物的自然衰减的研究成果，研究的污染物主要有石油类（石油烃、柴油、加油站油罐泄漏物）、有机溶剂（氯化溶剂、氯代烃等）、苯系物、垃圾渗滤液等，用于重金属等污染场地的修复未见。在利用自然衰减方法进行场地修复前，应进行详细的场地调查，以评估该技术是否适用于该场地：详细调查污染物类型、浓度、分布、水文地质等条件，进行必要的生态风险评估，并结合技术、经济等方面因素，建立场地风险概念模型，对场地内可能发生的自然衰减过程进行分析和评估，确认自然衰减过程的有效性，同时考虑是否应进行强化措施或工程修复措施。如果暴露途径分析结果表明，自然衰减作用可在设计时间内有效控制污染物的扩散来控制暴露风险，并且可以保证自然衰减作用的长期可持续性，则可以开始设计长期性的检测方案，完成自然衰减可行性评估，开展自然衰减修复技术的具体实施。

董璟琦针对当前国内污染场地绿色可持续修复（green and sustainable remediation，GSR）评估方法缺失、数据获取困难，开展了铬污染场地修复生命周期评估（life cycle assessment，LCA）和铬污染场地费用效益分析（cost benefit analysis，CBA）评估方法研究，构建了基于费用效益分析贯穿全过程的场地修复绿色可持续评估方法体系和关键参数库，初步提出了一套快速、可行、合理评估场地和区域尺度修复绿色可持续度的方法学框架。

第3章　煤化工企业污染场地土壤污染评价

　　煤化工企业在运营生产中会产生多种污染，污染物品种繁多且在整个场地的分布广泛。经过长期的生产活动，一些有毒有害物质通过下渗、淋滤等方式在土壤及地下水等环境介质中积累，会通过不同途径直接或间接地对附近生态环境及人群生命财产安全造成持续不良危害。2004 年国家环境保护总局发布《关于切实做好企业搬迁过程中环境污染防治工作的通知》，该通知要求必须对原煤化工等场地的土壤进行调查与监测，为后期的土壤污染防治与修复方案的提出奠定坚实的基础。

　　本文对山西某煤化工企业污染场地现场勘察与走访调查，收集场地水文地质特征、土地利用相关资料，并根据场地功能分区、工艺流程等划分为 16 个不同的功能区域，分别布设采样点合计 148 个。根据场地土层和现场污染判断情况及风险评价需求，样品采集深度分别为 8.0m、10.0m、12.0m、15.0m，得到采样点各类污染物的数据；在"国标优先，地方和国外补充"的原则指导下确定各污染物的风险筛选值，得到污染场地土壤中的特征污染物；基于 ArcGIS 10.2 平台，运用反距离插值方法分析了土壤特征污染物的空间分布情况，在考虑地层岩性变化及采样深度的基础上分析了各超标采样点的垂直分布情况，并利用主成分和聚类分析相结合的方法分析了污染途径和污染来源；选择《污染场地风险评估技术导则》(HJ 25.3—2014)中相关模型，对污染场地进行人体健康风险评价。鉴于此，本章旨在为该污染场地的污染治理以及后期房地产项目的开发利用提供理论基础和数据支撑，同时对全国同类型场地土壤污染的评价和再利用也有一定的借鉴意义。

3.1　场地特征描述

3.1.1　地形地貌

　　该煤化工厂处于冲洪积倾斜平原区，地势西北略高，东南稍低，处于断陷盆地的北端、向斜的东翼边缘，其西部山区分布有多组北东东、北北东向褶曲和断裂构造。

3.1.2　地质

区域揭露的地层有奥陶系、石灰系、二迭系和第四系。项目区堆积有巨厚的第四系地层。第四系由中更新统、上更新统和全更新统组的冲积、冲洪积扩散物构成。中更新统的洪积物埋藏于 60~90m 之下，厚 40~70m，是区内主要含水层，岩性多为砂及砾石；中更新统冲积物分布于汾河两岸，厚 90~105m，岩性以亚黏土、亚砂土为主，夹薄层细粗砂。

上更新统分布与中更新统基本一致，洪积物顶板深埋 15~25m，厚 20~40m，岩性以砾石、砂石及亚黏土、亚砂土为主，中夹薄层细砂和卵石层；冲积物顶板埋深 15m，厚 10~20m，岩性为均质砂土、亚黏土，间夹细粉砂层。

全更新统在区内地表广泛分布，以河流和山前冲积物为主。在山前倾斜平原与冲积平原交接处，还分布有过渡性的冲洪积堆积物，厚度一般为 3~20m，岩性在较大冲沟中多为卵石、含砾亚黏土和砂土，场区以东多为细砂、亚黏土及亚砂土，黏土厚 10~20m。

3.1.3　气象气候

本场地所在区域属暖温带大陆性气候，四季分明，春季干燥，多风沙；夏季炎热湿润，雨量集中；秋季凉爽，雨量少；冬季干燥寒冷少雪，多为晴朗天气。年平均大气压 92.58kPa，最高气压 93.72kPa，最低气压 91.55kPa，年平均气温为 9.5℃，绝对最高温度为 39.4℃，绝对最低温度为 −25.5℃，多年平均降水量为 460mm 左右，主要集中在 7~9 月份（占总降水量 50% 以上），年平均相对湿度为 60%。

全年主导风向为西北风，频率为 14.79%，次导风向为北北西风，频率为 8.95%。四季的春、夏季为南风，秋、冬季为北北西风。四季中春季平均风速最大为 2.50m/s，夏季平均风速最小为 1.51m/s，年平均风速为 1.87m/s。12 个月中以 4 月平均风速最大，为 2.77m/s；7 月平均风速最小，为 1.45m/s。

3.1.4　水文地质条件

3.1.4.1　场区地层分布特征

在勘探深度范围内，场区地层自上而下依次为：第四系全新统中早期统冲洪积层（Q_4^{lal+pl}），第四系上更新统冲洪积层（Q_3^{al+pl}）；第四系中更新统冲洪积层（Q_2^{al+pl}）；本次勘察未揭穿该层。岩性以人工填土、粉土、粉质黏土、砂土为主。

3.1.4.2　场区地下水情况

在钻探深度范围内揭露的第一层地下水存在污染，类型为上部孔隙潜水，主要补给来源为大气降水及侧向径流，故水位季节性变化明显，实测稳定水位埋深介于 1.88~7.74m。个别监测井由于场区内电石渣清理地表标高降低，使其水位埋深较浅，稳定水位标高介于 789.39~792.05m。由现场勘探情况可知，第一层地下水以第③层(中粗砂)为主要含水层，由于第②层(粉土)、第④层(含砂粉质黏土)和第⑤层(含砂粉土)均含有大量砂质成分，大丰水期时为含水层，以第⑥层为相对隔水层，隔水底板标高为 775.10~780.75m，隔水顶板埋深为 11.5~15.6m；场地内勘探到的第二层地下水为下部承压水，以第⑦层为含水层，以⑧、⑨、⑩、⑪层为相对隔水层。根据历史水位观测资料，工程区内影响水位变化的因素主要为大气降水及侧向补给，水位季节变幅约 1.0m。地下水流向总体为由西至东。

3.1.5 场地利用现状及用地规划

研究区主要包括电石渣堆放点、易燃易爆品仓库、泡沫站、卸料站台、苯罐区、铁路运输线路、外运处仓库与油库、硫酸厂、磷肥厂、水煤气厂等构建筑物和设施(见表 3-1)。

根据规划，该区域将被用于商业房地产开发，土地利用类型将从三类工业用地转变为居住用地，性质发生了明确变更，且规划用地为敏感型用地。因此，该场地需要进行场地调查及风险评估工作。

3.1.6 场地污染识别

根据现场踏勘和人员走访、咨询情况，结合历史图件、影像等资料，并对场地内不同历史时期土地使用功能进行分析。在生产过程中，场地内生产设施的布设相对稳定，且无重大环境污染事件发生。同时对可能存在的生产事故等不确定因素进行了分析，初步判断场地土壤重点关注的污染物主要包括重金属(铜、锌、铅、汞、砷、镉、铬、镍)、无机污染物(氟化物、氰化物、酸碱)和有机污染物(石油烃、苯系物、氯苯类、多环芳烃、酚类、有机氯、苯乙烯、氯乙烯、三氯乙烯)等。为了避免初步识别过程中遗漏污染物，在实际工作中，检测分析时对样品进行 VOC和 SVOC 全扫描，各分区的识别污染物、主要来源及途径详见表 3-1。

表 3-1 场地土壤利用现状及可能存在的污染物情况一览表

区域	场地利用现状	生产工艺/存放物品	识别污染物	污染物主要来源及途径
A 区	废弃物堆放点	前期主要为硫酸矿渣堆放点，后来堆放电石渣	重金属(砷、汞、铅、铬、镉)、石油烃、氟化物、酸碱、有机氯农药	硫酸矿渣和电石渣堆积过程中污染物经雨水淋溶作用

区域	场地利用现状	生产工艺/存放物品	识别污染物	污染物主要来源及途径
B区	仓储以及附属输送设备区	该区域主要包括丙烯储罐、易燃易爆品仓库和相应的输送泵房及操作间	苯系物和石油烃	原料储存、石油苯泄漏和泵中油的泄漏
C区	卸料站台及泡沫站	主要为运输原料车卸料站台,运输的原材料包括苯、氯苯、硫酸和碱液,原料通过泵与管道由运输车进入厂区的存储罐。该区域还存在新旧泡沫站各一座,以及用于化学材料燃烧的灭火剂	苯系物、氯苯类、氟化物、酸碱	卸料过程发生的原料泄漏与泡沫站泡沫灭火剂的泄漏
D区	液体储罐区	前期主要用于储存液体苯和氯苯,后期改为存放碱液和硫酸	苯系物、氯苯类、酸碱	灌装与储存过程中泄漏
E区	厂内铁路运输线路及库房	包装公司的包装物库房主要用来储存木质包装物;服务公司安装队库房主要储存设备与安装工具	苯系物、氯苯类、酸碱、有机氯农药	原料运输过程中泄漏
F区	供应处与硫酸厂	该区域分为两个部分:一部分为硫酸厂的绿化区域;另一部分为供应处的油库与车库	石油烃	供应处储油库泄漏
G区	磷肥生产工段与库房和车库	主要将磷矿粉与硫酸进行混合、化成制得粉状普钙,磷矿粉中的杂质主要有氧化铁、氧化铝、氧化镁、氟、氧化钠、氧化钾等	氟化物、酸	原料磷矿粉和硫酸
H区	煤气工段	煤气的生产包括原料煤的加工及输送、固体燃料气化生产混合煤气及煤气的冷却、净制与输送等工序。煤气生产过程中主要排出物包括焦油、粉煤、含酚氰污水和炉渣。其中,粉煤和炉渣中含有多环芳烃,粉煤用于民用燃煤,炉渣外运用于道路渣土。含酚氰污水循环使用减少其排放量。煤焦油中含有苯类、多环芳烃类和酚类物质	多环芳烃、苯系物、酚类、氰化物、酸	煤气生产
I区	水泥厂	原为电石渣堆放处,后主要采用湿磨半干烧生产工艺,利用电石废渣、煤灰和硫铁废渣,生产优质硅酸盐熟料	重金属(砷、铜、锌、汞、铅、铬、镉、镍)、石油烃、多环芳烃、氟化物、酸碱、有机氯农药	生产水泥原料的堆放

区域	场地利用现状	生产工艺/存放物品	识别污染物	污染物主要来源及途径
J区	防腐分厂检修厂房	主要服务于各种设备的维修	重金属（砷、汞、铅、铬、镉）、石油烃	防腐分厂检修厂房
K区	氯气处理吸收塔，氯气尾气处理厂房(后改为PVC仓库)，服务公司土建队厂房、车库和库房	氯气吸收塔是废氯吸收的最后工段，废氯气经与石灰乳吸收反应生成次氯酸钙；PVC仓库主要用于PVC的堆放和存储，服务公司土建队厂房与库房主要用于储存建筑用工具	重金属（砷、汞、铬、镉、铅）、酸碱、苯系物、氯苯类、有机氯农药	电石渣堆放、运输车辆停放、氯气处理
L区	建材分厂	主要包括建材分厂及组装厂房、库房，建材分厂挤出成型厂房主要从事异型材的生产及加工，库房主要用于门窗和塑料制品的存放	酸碱	金属钠
M区	制桶分厂	主导产品是200L闭口钢桶，材质为1.2mm厚的优质冷轧钢板，有冷轧板镀锌和冷轧板外涂油漆两个品种	重金属锌	镀锌与洗桶工序
N区	科研院	科研所实验楼主要进行催化剂生产小试试验，该区域的库房用于存放催化剂生产用的固碱和纯碱。生产的催化剂主要有活性氧化铝催化剂、锌钙催化剂、铜锌铬催化剂、镍催化剂	重金属（铜、锌、铬、铅、镍）、酸碱	催化剂生产原料
O区	硫酸羟胺生产区域	主要生产原料为亚硝酸钠、氨水、液体二氧化硫；主要产品为硫酸羟胺，原料主要有亚硝酸钠、氨水、二氧化硫等	酸碱	硫酸羟胺生产原料
P区	冷冻材料库	主要包括水泵房、冷冻材料库、氢气罐。冷冻材料库储存冷冻站生产冷冻盐水所用的液氨	碱	液氨的储存

3.2 样点数据采集与分析

样品采集工作分成两期，通过资料收集、现场踏勘、人员访谈了解区域历史生产情况，初步调查采用专业判断法结合系统布点法对该场地进行点位布设，详细调查阶段按照网格化布点的方式，对初步调查土壤超标监测点位周边潜在污染区域加密设置土壤监测点。另外，为了探查本场地的水文地质状况，为场地风险评价提供所需的土壤参数，本项目在采样的同时，选择了典型采样点，根据场地的土层分布特性采集了主要地层的原状土壤和扰动土壤样品，开展了室内土工试验，对土壤的物理性质、渗透性、pH 值和有机物等指标进行了分析测定。

3.2.1 布点原则

平面布点：生产区和仓储区是本次场地调查的主要疑似污染区，也是本次场地调查的布点重点，包括场内跑冒滴漏严重的生产装置区、储罐区、原料及产成品仓库、废水处理站、污水管网沿线、废渣储存场等区域。除此之外，为初步了解生活办公区的污染状况，也需要在办公区进行适量布点。

深层布点：为确认污染物在场地土壤中的垂直分布情况及污染深度，本项目调查将采集分层土壤样品，包括表层土壤样品和深层土壤样品。具体的采样层次和采样深度则需根据场地土层的分布和岩性特征、污染源的位置（地上或地下）、污染物在土壤中的垂直迁移特性、地面扰动情况等因素决定。原则上，表层土壤样品在 0~1.5m 范围内采集；深层土壤样品依据本场地污染识别阶段对场地土层分布相关资料的分析，结合场地勘探过程中每个采样点土层分布的实际情况进行采集，至少每个土层采集一个土壤样品；当同一土层厚度超过 3.0m 时，至少每 3.0m 采集一个土壤样品。具体的采样位置根据便携式 XRF 检测仪、PID 检测仪等监测设备的监测结果，结合土壤的颜色、气味等相关因素进行综合判断，采集污染较重位置的层间土壤样品。最终采样深度应确保土壤未受污染。

研究区采样示意如图 3-1 所示。

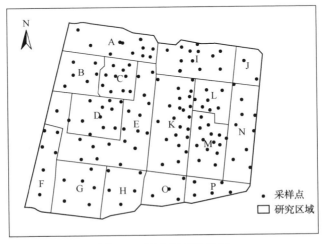

图 3-1　研究区采样示意

3.2.2 样品分析

本研究中土壤样品分析测试的项目包括重金属类、无机污染物、所有挥发性有机物、半挥发性有机物和其他有机污染物等。所有土壤样品的污染物指标测试按照国家规定与 USEPA（美国国家环境保护局）的检测方法进行检测，具体测试项目和测试方法依据见表 3-2 和表 3-3。

表 3-2　土壤样品检测项目统计

检测项目大类		检测项目小类	检测项目个数
重金属类		铜、锌、铅、汞、铬、镉、镍、砷	8 个
无机污染物		氟化物、氰化物、pH 值	3 个
VOC	苯系物	苯、甲苯、乙苯、间-二甲苯、邻-二甲苯、对-二甲苯、苯乙烯、异丙苯、溴苯、正丙苯、2-氯甲苯、4-氯甲苯、叔丁基苯、仲丁基苯、1,3,5-三甲基苯、1,2,4-三甲基苯、4-异丙基甲苯、正丁基苯	18 个
	氯苯类	氯苯、1,3-二氯苯、1,4-二氯苯、1,2-二氯苯、1,2,4-三氯苯、1,2,3-三氯苯	6 个
	其他挥发性有机物	1,1-二氯乙烯、二氯甲烷、反式-1,2-二氯乙烯、1,1-二氯乙烷、2,2-二氯丙烷、顺式-1,2-二氯乙烯、溴氯甲烷、1,1,1-三氯乙烷、四氯化碳、1,1-二氯丙烯、1,2-二氯乙烷、三氯乙烯、1,2-二氯丙烷、二溴甲烷、1,1,2-三氯乙烷、四氯乙烯、1,3-二氯丙烷、1,2-二溴乙烷、1,1,1,2-四氯乙烷、1,1,2,2-四氯乙烷、1,2,3-三氯丙烷、1,2-二溴-3-氯丙烷、六氯丁二烯、氯乙烯	24 个
	三卤甲烷	氯仿、一溴二氯甲烷、二溴氯甲烷、溴仿	4 个
SVOC	有机氯农药	六六六、滴滴涕、灭蚁灵、七氯、艾氏剂、狄氏剂、异狄氏剂、六氯苯、环氧七氯、异狄氏醛、硫丹Ⅰ、硫丹Ⅱ、硫丹硫酸酯、甲氧氯	14 个
	多环芳烃	萘、苊烯、苊、芴、菲、蒽、荧蒽、芘、苯并(a)蒽、䓛、苯并(b)荧蒽、苯并(k)荧蒽、苯并(a)芘、茚并(1,2,3-cd)芘、二苯并(a,h)蒽、苯并(g,h,i)芘	16 个
	酚类	苯酚、间甲酚、2,4-二氯苯酚、2,4,6-三氯苯酚	4 个
	硝基芳烃	硝基苯、2,4-二硝基甲苯	2 个
其他有机污染物		多氯联苯、石油烃	2 个
总计			101 个

表 3-3　土壤样品的分析方法

分析项目	土壤	
	分析方法	检出限/(mg/kg)
1. 无机污染物		
pH 值	LY/T 1239—1999	—

分析项目	土壤	
	分析方法	检出限/（mg/kg）
氟化物	GB/T 22104—2008	0.0025
氰化物	HJ 745—2015	0.04
2. 金属		
铜（Cu）	GB/T 17138—1997	1.0
锌（Zn）	GB/T 17138—1997	0.5
铅（Pb）	GB/T 17141—1997	0.1
汞（Hg）	HJ 680—2013	0.002
镉（Cd）	GB/T 17141—1997	0.01
铬（Cr）	HJ 491—2009	5.0
砷（As）	HJ 680—2013	0.01
镍（Ni）	GB/T 17139—1997	5.0
3. 总石油类烃		
$<C_{16}$	HJ 350—2007	5.0
$>C_{16}$	HJ 350—2007	5.0
4. 苯系物		
苯	HJ 605—2011	0.0019
甲苯	HJ 605—2011	0.0013
二甲苯	HJ 605—2011	0.0012
乙苯	HJ 605—2011	0.0012
苯乙烯	HJ 605—2011	0.0011
异丙苯	HJ 605—2011	0.0012
溴苯	HJ 605—2011	0.0013
正丙苯	HJ 605—2011	0.0012
2-氯甲苯	HJ 605—2011	0.0013
4-氯甲苯	HJ 605—2011	0.0013
叔丁基苯	HJ 605—2011	0.0012
仲丁基苯	HJ 605—2011	0.0011
1,3,5-三甲基苯	HJ 605—2011	0.0014
1,2,4-三甲基苯	HJ 605—2011	0.0013

分析项目	土壤	
	分析方法	检出限/（mg/kg）
4-异丙基甲苯	HJ 605—2011	0.0013
正丁基苯	HJ 605—2011	0.0017
5. 氯苯类		
氯苯	HJ 605—2011	0.0012
1,3-二氯苯	HJ 605—2011	0.0015
1,4-二氯苯	HJ 605—2011	0.0015
1,2-二氯苯	HJ 605—2011	0.0015
1,2,4-三氯苯	HJ 605—2011	0.0003
1,2,3-三氯苯	HJ 605—2011	0.0002
6. 多环芳烃		
萘	GB 5085.3—2007	0.001
苊烯	GB 5085.3—2007	0.001
苊	GB 5085.3—2007	0.002
芴	GB 5085.3—2007	0.008
菲	GB 5085.3—2007	0.003
蒽	GB 5085.3—2007	0.003
荧蒽	GB 5085.3—2007	0.007
芘	GB 5085.3—2007	0.002
苯并（a）蒽	GB 5085.3—2007	0.006
屈	GB 5085.3—2007	0.006
苯并（b）荧蒽	GB 5085.3—2007	0.003
苯并（k）荧蒽	GB 5085.3—2007	0.005
苯并（a）芘	GB 5085.3—2007	0.008
茚并（1,2,3-cd）芘	GB 5085.3—2007	0.005
二苯并（a,h）蒽	GB 5085.3—2007	0.008
苯并（g,h,i）芘	GB 5085.3—2007	0.008
7. 有机氯农药		
7.1 六六六		
α-六六六	GB/T 14550—2003	0.005

分析项目	土壤	
	分析方法	检出限/（mg/kg）
β-六六六	GB/T 14550—2003	0.005
γ-六六六	GB/T 14550—2003	0.005
δ-六六六	GB/T 14550—2003	0.005
六六六总量		
7.2 滴滴涕		
p,p'-DDE	GB/T 14550—2003	0.005
p,p'-DDD	GB/T 14550—2003	0.005
p,p'-DDT	GB/T 14550—2003	0.005
o,p'-DDT	GB/T 14550—2003	0.005
8. 酚类		
苯酚	GB 5085.3—2007	—
间甲基苯酚	GB 5085.3—2007	—
2,4-二氯酚	GB 5085.3—2007	—
2,4,6-三氯酚	GB 5085.3—2007	—
9. 其他挥发性有机物		
1,1-二氯乙烯	HJ 605—2011	0.0010
二氯甲烷	HJ 605—2011	0.0015
反-1,2-二氯乙烯	HJ 605—2011	0.0013
1,1-二氯乙烷	HJ 605—2011	0.0012
2,2-二氯丙烷	HJ 605—2011	0.0013
顺-1,2-二氯乙烯	HJ 605—2011	0.0013
溴氯甲烷	HJ 605—2011	0.0014
1,1,1-三氯乙烷	HJ 605—2011	0.0013
四氯化碳	HJ 605—2011	0.0013
1,1-二氯丙烯	HJ 605—2011	0.0012
1,2-二氯乙烷	HJ 605—2011	0.0013
三氯乙烯	HJ 605—2011	0.0012
1,2-二氯丙烷	HJ 605—2011	0.0011
二溴甲烷	HJ 605—2011	0.0012

分析项目	土壤	
	分析方法	检出限/（mg/kg）
1,1,2-三氯乙烷	HJ 605—2011	0.0012
四氯乙烯	HJ 605—2011	0.0014
1,3-二氯丙烷	HJ 605—2011	0.0011
1,2-二溴乙烷	HJ 605—2011	0.0011
1,1,1,2-四氯乙烷	HJ 605—2011	0.0012
1,1,2,2-四氯乙烷	HJ 605—2011	0.0012
1,2,3-三氯丙烷	HJ 605—2011	0.0012
1,2-二溴-3-氯丙烷	HJ 605—2011	0.0019
六氯丁二烯	HJ 605—2011	0.0016
氯乙烯	HJ 605—2011	0.0010
10. 三卤甲烷		
氯仿	HJ 605—2011	0.0011
一溴二氯甲烷	HJ 605—2011	0.0011
二溴氯甲烷	HJ 605—2011	0.0011
溴仿	HJ 605—2011	0.0011

3.3 场地污染现状与评价

3.3.1 场地风险筛选标准——土壤风险筛选值

在评价标准的选择上，遵循"国标优先，地方和国外补充"的原则，即在国内标准不满足需要时再考虑使用国外的相关标准。

我国至今没有出台国家层面的污染场地风险评价筛选标准，在省市层面上，也仅北京市和上海市出台了污染场地土壤风险评价筛选值。针对这种情况，结合该场地的未来土地利用规划（商业和住宅），在其风险筛选时，鉴于该场地所在城市与北京市同属北方城市，因此主要采用北京市《场地土壤环境风险评价筛选值》（DB11/T 811—2011）中的"住宅用地"标准作为判断依据，北京标准中缺少的采用《上海市场地土壤环境健康风险评估筛选值》（试行）中的"敏感用地"标准作为补充。国内标准中缺少的污染物筛选值参数，将参照国际上普遍应用的美国环保署9区筛选值 *Preliminary Remediation Goals*（PRGs）中的"住宅"标准（见表3-4）。

表 3-4　场地土壤识别污染物风险评价筛选值

序号	污染物种类	筛选值/(mg/kg)	序号	污染物种类	筛选值/(mg/kg)
1	铜	600	29	蒽	50
2	锌	3500	30	荧蒽	50
3	铅	400	31	芘	50
4	汞	1	32	苯并(a)蒽	0.5
5	砷	20	33	䓛	50
6	镉	8	34	苯并(b)荧蒽	0.5
7	铬	250	35	苯并(k)荧蒽	5
8	镍	50	36	苯并(a)芘	0.2
9	氟化物	650	37	茚并(1,2,3-cd)芘	0.2
10	氰化物	300	38	二苯并(a,h)蒽	0.05
11	石油烃 TPH<C$_{16}$	230	39	苯并(g,h,i)芘	5
12	石油烃 TPH>C$_{16}$	10000	40	α-六六六	0.2
13	苯	0.64	41	β-六六六	0.2
14	甲苯	850	42	γ-六六六	0.3
15	二甲苯	74	43	δ-六六六	2.0
16	乙苯	450	44	p,p'-DDE	1.0
17	苯乙烯	1200	45	p,p'-DDD	2.0
18	氯苯	41	46	DDT	1.0
19	1,2-二氯苯	747	47	苯酚	80
20	1,3-二氯苯	12	48	间甲基苯酚	3100
21	1,4-二氯苯	11	49	2,4-二氯酚	40
22	1,2,4-三氯苯	6.3	50	2,4,6-三氯酚	35
23	1,2,3-三氯苯	20	51	1,1-二氯乙烷	140
24	萘	50	52	1,2-二氯乙烷	31
25	苊烯	367	53	氯乙烯	0.25
26	苊	679	54	1,1-二氯乙烯	43
27	芴	50	55	1,2-二氯丙烯	5
28	菲	5			

3.3.2　评价结果与污染物识别

由分析可知,本场地采样土壤中超过本场地土壤风险筛选值的污染物共 10 种(见表 3-5),其中挥发性有机污染物 2 种,分别为苯和氯苯;半挥发性有机污染物 8 种,分别为多环芳烃[苯并(a)蒽、苯并(b)荧蒽、苯并(a)芘、茚并(1,2,3-cd)芘、二苯并(a,h)蒽]和有机氯农药(p,p'-DDE、p,p'-DDD、DDT)。

由此可见，本场地土壤中有机污染物 VOC 类中的苯和氯苯超过了本场地土壤风险评估筛选值。其中，苯大范围严重超标，可能存在健康风险；氯苯局部点位超标，可能存在局部健康风险；SVOC 类中的苯并（a）蒽、苯并（b）荧蒽、苯并（a）芘、茚并（1,2,3-cd）芘和二苯并（a,h）蒽等多环芳烃和 p,p'-DDE、p,p'-DDD、DDT 等有机氯农药个别点位超标，可能存在风险。因此，需要对本场地土壤污染风险展开进一步分析研究。

表 3-5　场地土壤超标污染物含量统计分析表

污染物	最大值/（mg/kg）	超标倍数	超标率/%	最大污染面积/m²	最大污染深度/m	污染土方量/m³
苯	297.00	463.00	24.32	33297	10.0	117080
氯苯	82.00	1.00	1.35	1995	7.0	3630
苯并（a）蒽	14.50	28.00	3.38	5023	2.0	6203
苯并（b）荧蒽	17.10	33.20	6.81	6939	2.0	8301
苯并（a）芘	8.44	41.20	6.81	6939	2.0	8437
茚并（1,2,3-cd）芘	5.91	28.60	6.81	6939	2.0	7949
二苯并（a,h）蒽	2.03	39.60	3.38	4774	2.0	5466
p,p'-DDE	33.00	32.00	2.70	4263	3.0	7426
p,p'-DDD	4.13	1.07	2.03	3713	2.0	4499
DDT	19.30	18.30	3.38	4751	2.0	7128

3.3.3　土壤污染物分布情况及来源分析

3.3.3.1　空间分布特征

基于 ArcGIS 10.2 平台，运用反距离插值方法，得到场地 10 种污染物的空间浓度范围，可更为直观地分析污染场地特征污染物的总体暴露格局和污染分布特征，同时可以为污染范围的确定和污染场地的修复提供参考。

1）苯

土壤中苯超标点位分别是 C1、C2、C3、C9、C10、D1、D2、D6、D7、D8、D10、D11、E2、E7、E9、E10、E11、E12、E13、E14、E17、E19、K5、K6、K7、K9、K10、K11、K12、K15、K17、K18、K19、K21、L5、L6，共 36 个，超标率为24.32%。根据苯在不同土壤深度的含量分布情况（见图 3-2）可知，苯的污染主要分布在 C 区场地卸料站台和 D 区储罐区以及该区域地下水下游 E 区、K 区和 L 区的深层土壤中，浓度范围为 ND~297mg/kg（注：ND 为无检出），超标倍数为 0~463倍，最大污染面积为 33297m²，最大污染深度为 10.0m，污染土方量为 117080m³。

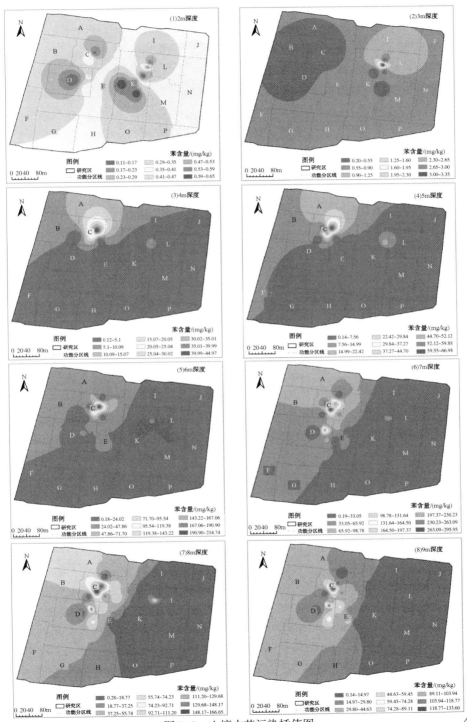

图 3-2　土壤中苯污染插值图

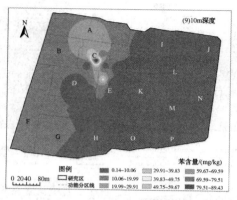

图 3-2 土壤中苯污染插值图 (续)

2) 氯苯

氯苯的污染相对较轻, 浓度范围为 ND ~ 82.0mg/kg, 超标倍数为 0 ~ 1.0 倍, 超标点位有 2 个, 为局部点源污染。根据氯苯在不同土壤深度的含量分布情况 (见图 3-3) 可知, 氯苯的污染主要分布在 C 区卸料站台的深层土壤中, 与苯污染区域重叠, 最大污染面积为 1995m², 最大污染深度为 7.0m, 污染土方量为 3630m³。

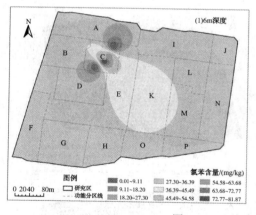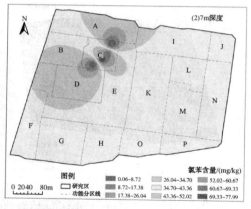

图 3-3 土壤中氯苯污染插值图

3) 苯并 (a) 蒽

土壤中苯并 (a) 蒽超标点位分别是 E3、E4、I6、I7、K7, 共 5 个, 超标率为 3.38%。根据在不同土壤深度的含量分布情况 (见图 3-4) 可知, 苯并 (a) 蒽的污染主要分布在 E 区铁路线附近、I 区水泥厂和 K 区服务公司土建队车库与库房附近浅层土壤中。浓度范围为 ND ~ 14.5mg/kg, 超标倍数为 0 ~ 28.0 倍, 最大污染面积为 5023m², 最大污染深度为 2.0m, 污染土方量为 6203m³。

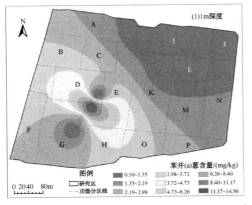
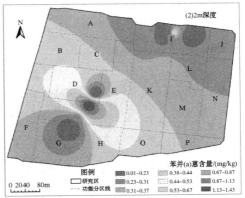

图 3-4 土壤中苯并(a)蒽污染插值图

4) 苯并(b)荧蒽

土壤中苯并(b)荧蒽超标点位分别是 A3、A6、E3、E4、I6、I7、K6、K7、K17，共 9 个，超标率为 6.81%。根据苯并(b)荧蒽在不同土壤深度的含量分布情况(见图 3-5)可知，苯并(b)荧蒽的污染分别位于 A 区东南角、E 区铁路线附近、I 区水泥厂西北角和 K 区服务公司土建队车库与库房附近，浓度范围为 ND~17.1mg/kg，超标倍数为 0~33.2 倍，最大污染面积为 6939m²，最大污染深度为 2.0m，污染土方量为 8301m³。

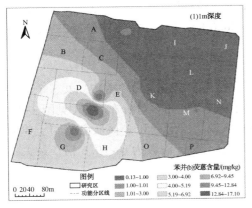
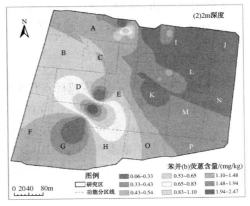

图 3-5 土壤中苯并(b)荧蒽污染插值图

5) 苯并(a)芘

土壤中苯并(a)芘超标点位分别是 A3、A6、E3、E4、I6、I7、K6、K7、K17，共 9 个，超标率为 6.81%。根据苯并(a)芘在不同土壤深度的含量分布情况(见图 3-6)可知，苯并(a)芘的污染分别位于 A 区东南角、E 区铁路线附近、I

区水泥厂西北角和 K 区服务公司土建队车库与库房附近，浓度范围为 ND ~ 8.44mg/kg，超标倍数为 0~41.2 倍，最大污染面积为 6939m²，最大污染深度为 2.0m，污染土方量为 8437m³。

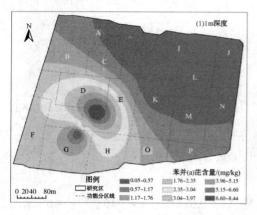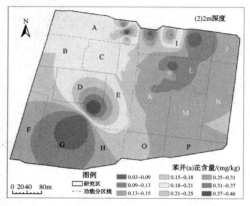

图 3-6 土壤中苯并(a)芘污染插值图

6）茚并(1,2,3-cd)芘

土壤中茚并(1,2,3-cd)芘超标点位分别是 A3、A6、E3、E4、I6、I7、K6、K7、K17，共 9 个，超标率为 6.81%。根据茚并(1,2,3-cd)芘在不同土壤深度的含量分布情况（见图 3-7）可知，茚并(1,2,3-cd)芘的污染分别位于 A 区东南角、E 区铁路线附近、I 区水泥厂西北角和 K 区服务公司土建队车库与库房附近，浓度范围为 ND~5.91mg/kg，超标倍数为 0~28.6 倍，最大污染面积为 6939m²，污染土方量为 7949m³。

7）二苯并(a,h)蒽

土壤中二苯并(a,h)蒽超标点位分别是 E3、E4、K6、K7、K17，共 5 个，超标率为 3.38%。根据二苯并(a,h)蒽在不同土壤深度的含量分布情况（见图 3-8）可知，二苯并(a,h)蒽的污染主要分布在 E 区铁路线附近和 K 区服务公司土建队车库与库房附近。浓度范围为 ND~2.03mg/kg，超标倍数为 0~39.6 倍，最大污染面积为 4774m²，污染土方量为 5466m³。

8）p,p'-DDE

土壤中 p,p'-DDE 超标点位分别是 A3、E3、E4、K7，共 4 个，超标率为 2.70%。根据 p,p'-DDE 在不同土壤深度的含量分布情况（见图 3-9）可知，p,p'-DDE 的污染主要分布在 A 区东南部、E 区铁路线附近和 K 区服务公司土建队车库与库房附近。p,p'-DDE 的污染浓度范围为 ND~33.0mg/kg，超标倍数为 0~32 倍，最大污染面积为 4263m²，最大污染深度为 2.0m，污染土方量为 7426m³。

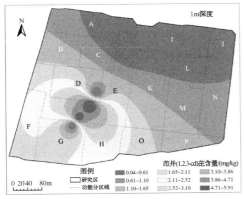

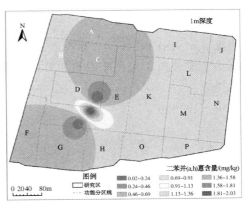

图 3-7 土壤中茚并(1,2,3-cd)芘污染插值图 　 图 3-8 土壤中二苯并(a,h)蒽污染插值图

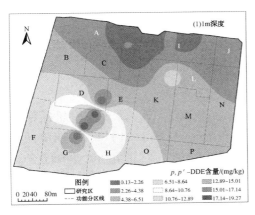

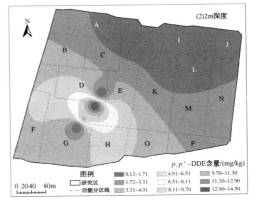

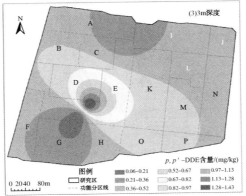

图 3-9 土壤中 p,p'-DDE 污染插值图

9）p,p'-DDD

土壤中 p,p'-DDD 超标点位分别是 A3、E3、E4，共 3 个，超标率为 2.03%。根据 p,p'-DDD 在不同土壤深度的含量分布情况（见图 3-10）可知，p,p'-DDD 的污染主要分布在 A 区东南角和 E 区铁路线附近。浓度范围为 ND~4.13mg/kg，超标倍数为 0~1.07 倍，最大污染面积为 3713m²，最大污染深度为 2.0m，污染土方量为 4499m³。

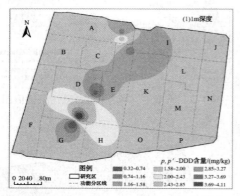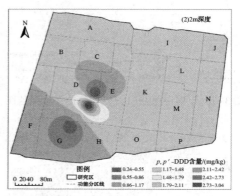

图 3-10　土壤中 p,p'-DDD 污染插值图

10）DDT

土壤中 DDT 超标点位分别是 A3、E3、E4、I6、K7，共 5 个，超标率为 3.38%。根据 DDT 在不同土壤深度的含量分布情况（见图 3-11）可知，DDT 的污染主要分布在 A 区东南角、E 区铁路线附近、I 区水泥厂西北角和 K 区服务公司土建队车库与库房附近。浓度范围为 ND~19.3mg/kg，超标倍数为 0~18.3 倍，最大污染面积为 4751m²，最大污染深度为 2.0m，污染土方量为 7128m³。

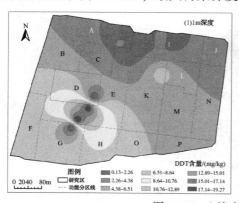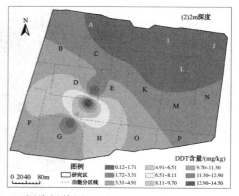

图 3-11　土壤中 DDT 污染插值图

3.3.3.2 垂直分布特征

场地不同地层的特征参数对土壤污染物的垂直分布存在较大影响。在考虑地层岩性变化及采样深度的基础上，将所考虑的深度范围内的土壤主要划分为4个相对均匀的土层。4个土层的厚度分别为4.0m、2.0m、3.0m、1.0m。土壤的分层情况及各土层的土壤特征参数见表3-6。

表3-6 场地土壤特征参数

土壤分层	深度	土质	孔隙度	含水率/%	渗透系数/（cm/s）	密度/（g/cm³）	pH值	有机质含量/%
第①层	0~4.0m	杂填土	0.77	17.4	1.74×10⁻⁴	1.54	7.84	7.35
第②层	4.0~6.0m	粉土	0.69	20.5	4.83×10⁻⁵	1.6l	7.65	9.94
第③层	6.0~9.0m	中粗砂	0.41	23.2	1.86×10⁻⁴	1.70	7.92	6.34
第④层	9.0~10.0m	粉质黏土	0.52	18.2	3.53×10⁻⁶	L.66	7.78	8.78

结合污染物的平面分布、污染物种类、地层条件和各土层的土壤特征参数，重点分析了场地中A区、C区、D区、E区、I区、K区和L区超标污染物的垂向分布特征，详见图3-12~图3-18。

1）A区域污染垂向分布

监测点A3、A6在1~10m深度范围内苯并(a)芘、苯并(b)荧蒽、茚并(1,2,3-cd)芘、DDT、p,p'-DDE、p,p'-DDD所检测出的含量随着检测深度增加而逐渐降低，峰值在1.0m处，即杂填土层有效阻滞了污染的垂向运移（见图3-12）。

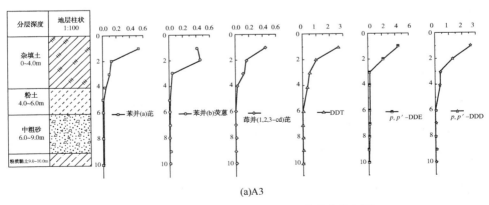

(a)A3

图3-12 A区超标监测点污染物垂直分布特征图

55

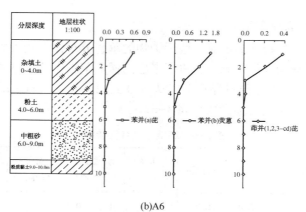

(b)A6

图 3-12　A 区超标监测点污染物垂直分布特征图(续)

2) C 区域污染垂向分布

监测点 C1、C2、C3、C4、C9、C10 检测出苯的含量峰值在深度 6.0～8.0m 处，随后含量随深度的增加而逐渐降低。含量峰值集中于中粗砂层部分。在粉质黏土层中苯的含量显著降低，即中粗砂层有效阻滞了苯污染的垂向运移。在污染最为严重的几个点位处，粉质黏土层中虽然苯含量较上层有明显的降低，但超标仍然很严重，最大超标倍数为 160 倍，说明在苯浓度达到一定数值时，中粗砂层对苯的垂向运移阻滞能力也是有限的；在粉质黏土层之下，虽然部分点位还有苯检出，但均未超标，即粉质黏土层有效阻滞了苯污染的垂向运移。说明土壤苯垂向运移与自身密度、土壤渗透系数有关。

监测点 C2、C3 检测出的氯苯的含量峰值在 6.0～8.0m 处，随后含量随深度的增加而逐渐降低。含量峰值集中于中粗砂层中上部分，在下层部分显著降低，即污染穿透了杂填土层和粉土层，中粗砂层有效阻滞了污染的垂向运移(见图 3-13)。

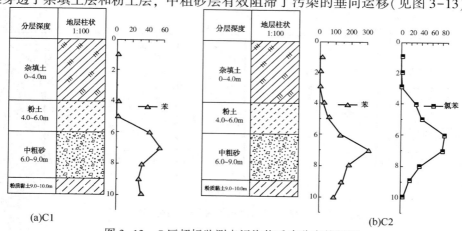

(a)C1　　　　　　　　　　　　　　　　　　　　　　　　　(b)C2

图 3-13　C 区超标监测点污染物垂直分布特征图

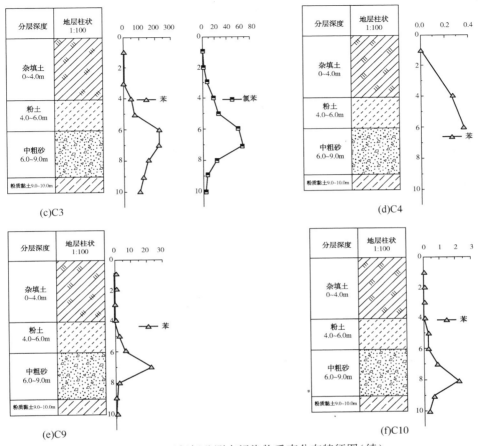

图 3-13　C 区超标监测点污染物垂直分布特征图(续)

3) D 区域污染垂向分布

监测点 D1、D2、D6、D7、D8、D10、D11 检测出苯的含量峰值在深度 6.0~8.0m 处，随后含量随深度的增加而逐渐降低。含量峰值集中于中粗砂层中上部分，在粉质黏土层中苯的含量显著降低，即污染穿透了杂填土层和粉土层，中粗砂层有效阻滞了苯污染的垂向运移。在污染最为严重的几个点位处，在粉质黏土层中，虽然苯含量较上层有明显的降低，但超标仍然很严重，最大超标倍数为 92 倍，说明在苯浓度达到一定值时，中粗砂层对苯的垂向运移阻滞能力也是有限的；在粉质黏土层之下，虽然部分点位还有苯检出，但均未超标，说明粉质黏土层有效阻滞了苯污染的垂向运移(见图 3-14)。

4) E 区域污染垂向分布

监测点 E3、E4 在 1.0~6.0m 深度范围内苯并(a)蒽、苯并(a)芘、苯并(b)荧蒽、二苯并(a,h)蒽、茚并(1,2,3-cd)芘、DDT、p,p'-DDE 的含量峰值在深度 1.0~2.0m 处，随后含量随深度的增加而逐渐降低，即杂填土层有效阻滞了污染的垂向运移。

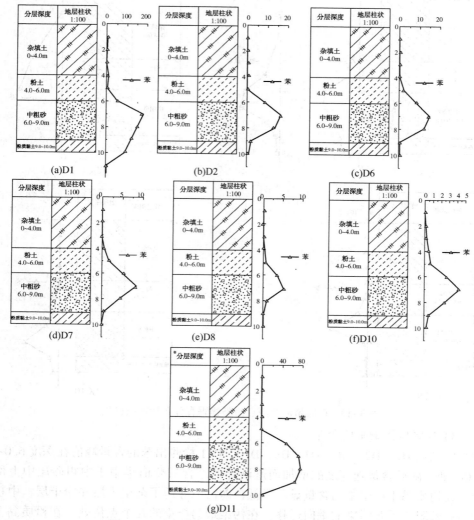

图 3-14　D 区超标监测点污染物垂直分布特征图

　　监测点 E3 在 1.0~6.0m 深度范围内所检测 p,p'-DDD 的含量峰值在深度 2.0m 处，随后含量随深度的增加而逐渐降低，在深度 4.0m 处达到最低，在深度 6.0m 处粉土层所检测的含量增加；监测点 E4 在 1.0~6.0m 深度范围内所检测出 p,p'-DDD 的含量随着检测深度增加而逐渐降低，峰值在 1.0m 处，即杂填土层有效阻滞了污染的垂向运移。

　　监测点 E2、E7、E9、E10、E11、E12、E13、E14、E17、E19 在 1.0~

10.0m 深度范围内检测出苯的含量的峰值在深度 6.0~8.0m 处，随后含量随深度的增加而逐渐降低，含量峰值集中于中粗砂层中上部分，在下层部分显著降低，即污染穿透了杂填土层和粉土层，中粗砂层有效阻滞了污染的垂向运移（见图 3-15）。

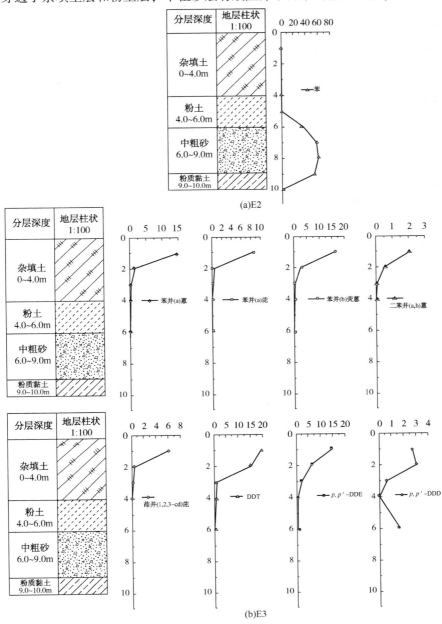

图 3-15　E 区超标监测点污染物垂直分布特征图

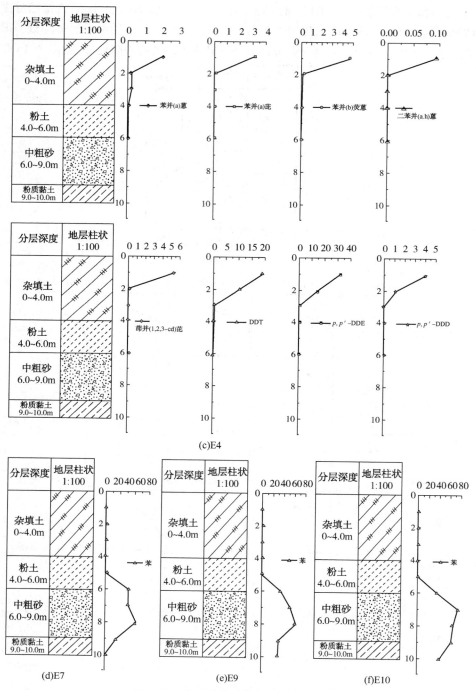

图 3-15 E 区超标监测点污染物垂直分布特征图(续)

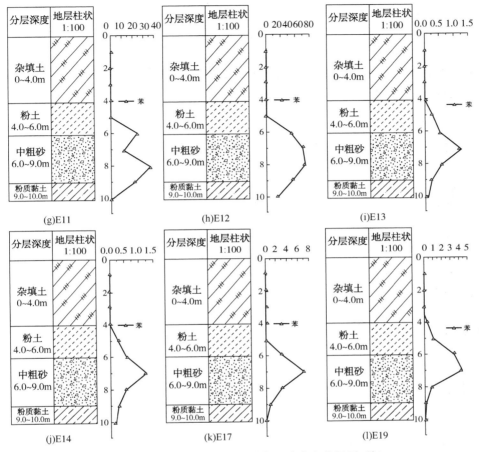

图 3-15　E 区超标监测点污染物垂直分布特征图(续)

5) I 区域污染垂向分布

监测点 I6、I7 在 1.0~6.0m 深度范围内苯并(a)蒽、苯并(a)芘、苯并(b)荧蒽、茚并(1,2,3-cd)芘所检测出的含量随着检测深度增加而逐渐降低,峰值在 1.0m 处,即杂填土层有效阻滞了污染的垂向运移。

监测点 I6 在 1.0~6.0m 的深度范围内所检测出 DDT 含量随着检测深度增加而逐渐降低,峰值在 1.0~2.0m 处,即杂填土层有效阻滞了污染的垂向运移(见图 3-16)。

6) K 区域污染垂向分布

监测点 K5、K6、K7、K9、K10、K11、K12、K15、K17、K18、K19、K21 在 1.0~10.0m 深度范围内检测出苯的含量的峰值在深度 7.0m 处,随后含量随深度的增加而逐渐降低,含量峰值集中于中粗砂层中上部分,在下层部分显著降低,即污染穿透了杂填土层和粉土层,中粗砂层有效阻滞了污染的垂向运移。监测点

61

K16 在 1.0~10.0m 范围内检测出微量的苯含量，在 1.0~4.0m 深度范围内的杂填土层，苯含量逐渐降低，峰值在深度 1.0m 处；在 4.0~7.0m 深度范围内含量逐渐增加，峰值在深度 7.0m 处，随后含量随深度的增加而降低，即杂填土层对苯的垂向运移也起到了一定的阻滞作用，但最终还是会垂向运移到中粗砂层。

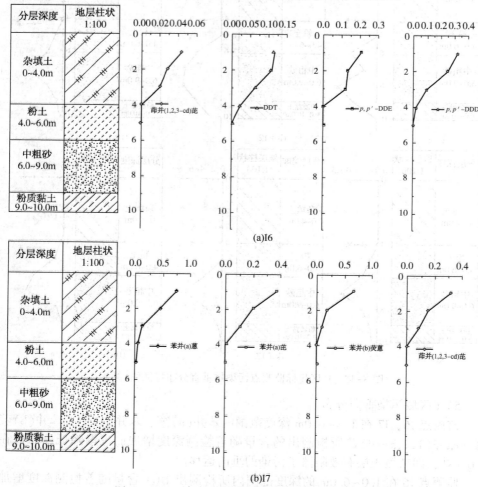

图 3-16　I 区超标监测点污染物垂直分布特征图

　　监测点 K6、K7、K12、K16、K17 在 1.0~4.0m 深度范围内苯并(a)芘所检测出的含量随着检测深度增加而逐渐降低，峰值在 1.0m 处，即杂填土层有效阻滞了污染的垂向运移。

　　监测点 K7、K12、K16、K17 在 1.0~4.0m 深度范围内苯并(b)荧蒽所检测出的含量随着检测深度增加而逐渐降低，峰值在 1.0m 处，即杂填土层有效阻滞了污染的垂向运移；监测点 K7 在 1.0~3.0m 深度范围内苯并(b)荧蒽所检测出的含量随着检测深度增加而逐渐降低，在深度 4.0m 处含量少量增加，在深度 5.0m 处含量为 0，即除了杂填土层，粉土层对苯并(b)荧蒽也有一定的阻滞作用。

监测点 K7 在 1.0~4.0m 深度范围内茚并(1,2,3-cd)芘所检测出的含量随着检测深度增加而显著降低，峰值在 1.0m 处，在 4.0~5.0m 的范围内茚并(1,2,3-cd)芘所检测出的含量随着检测深度增也有少量的降低，即杂填土层有效阻滞了污染的垂向运移，粉土层对茚并(1,2,3-cd)芘也有一定的阻滞作用(见图 3-17)。

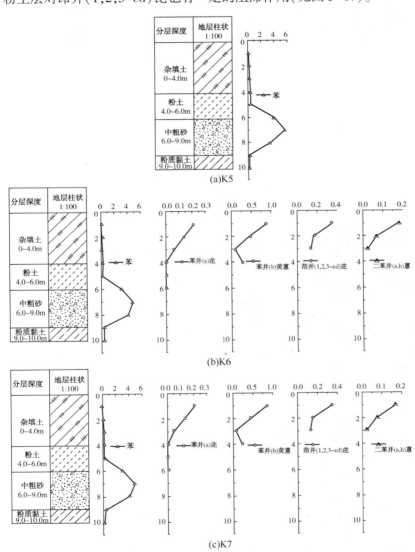

图 3-17　K 区超标监测点污染物垂直分布特征图

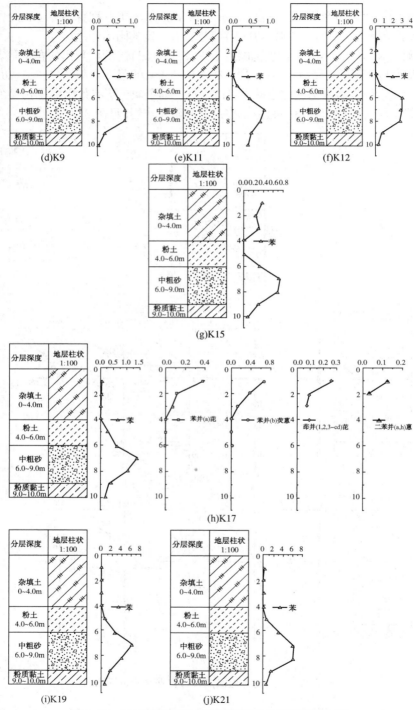

图 3-17 K 区超标监测点污染物垂直分布特征图(续)

7) L区域污染垂向分布

监测点L5、L6在1.0~10.0m深度范围内苯的含量峰值在深度7.0m处，随后含量随深度的增加而逐渐降低，含量峰值集中于中粗砂层中上部分，在下层部分显著降低，即污染穿透了杂填土层和粉土层，中粗砂层有效阻滞了污染的垂向运移（见图3-18）。

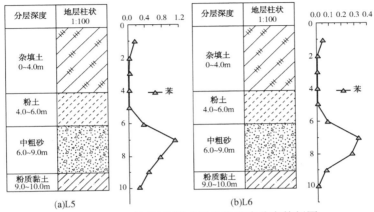

图3-18　L区超标监测点污染物垂直分布特征图

综上所述，研究区多环芳香烃、p,p'-DDD、p,p'-DDE、DDT的含量整体上含量随深度的增加而逐渐降低，大部分监测点的污染物浓度在深度4.0m处含量低于检测仪器的下限，峰值集中在1.0m处，杂填土可以有效阻滞这些污染物的垂向运移；少部分监测点在4.0m处能检测到污染物含量，在深度6.0m处含量低于检测仪器的下限，表明粉土层对于这些污染物也有一定的阻滞作用。

研究区苯的含量在1.0~6.0m的深度范围内含量很少，在深度6.0m处随深度增加而升高至峰值，峰值位于7.0~8.0m的中粗砂层，随后苯的含量随深度的增加而逐渐降低。含量峰值集中于中粗砂层中上部分，在下层部分显著降低，即苯的污染渗透了杂填土层和粉土层，在中粗砂层形成了集聚，中粗砂层有效阻滞了污染的垂向运移。

3.3.3.3　污染物来源分析

污染物之间的相关性分析有利于土壤中污染物来源的识别，目前已广泛应用于土壤污染物源解析的研究中。因此，土壤污染物来源是否一致可以通过相关性来判断。对场地表层土壤有机污染物含量做相关性分析表明，苯-苯并(a)蒽-苯并(b)荧蒽-二苯并(a,h)蒽，苯并(a)蒽-苯并(b)荧蒽-苯并(a)芘-茚并(1,2,3-cd)芘-二苯并(a,h)蒽，p,p'-DDE-p,p'-DDD-DDT呈显著相关关系，相关系数在0.9以上，表现较高的来源相似性，且部分点位浓度超过土壤元素背景值，说明其来源主要受人类生产活动影响。中层土壤中，苯-氯苯、苯并(a)蒽-苯并(a)芘-茚并(1,2,3-cd)芘-二苯并(a,h)蒽、p,p'-DDE和DDT呈显著相关，而其他污染物之间呈明显相关性。下层土壤中，只有苯-氯苯呈现显著相关性，其他污染物之间关系不显著，说明该层来源主要与污染物扩散有关。土壤样点污染物相关性矩阵见表3-7。

表3-7　土壤样点污染物相关性矩阵

土层	污染物	苯	氯苯	苯并(a)蒽	苯并(b)荧蒽	苯并(a)芘	茚并(1,2,3-cd)芘	二苯并(a,h)蒽	p,p'-DDE	p,p'-DDD	DDT
表层 0~2m	苯	1									
	氯苯	-0.003	1								
	苯并(a)蒽	0.997**	0.003	1							
	苯并(b)荧蒽	0.925*	0.544	0.964**	1						
	苯并(a)芘	0.747	0.635	0.957**	0.975*	1					
	茚并(1,2,3-cd)芘	0.467	0.883	0.997*	0.944**	0.949*	1				
	二苯并(a,h)蒽	0.991**	0.075	0.998**	0.960*	0.470	0.530	1			
	p,p'-DDE	-0.319	0.948	-0.282	-0.045	-0.372	0.689	-0.238	1		
	p,p'-DDD	-0.323	0.891	-0.270	0.060	0.387	0.634	-0.214	0.958**	1	
	DDT	-0.548	0.830	-0.509	-0.198	0.141	0.476	-0.465	0.964*	0.952*	1
中层 2~4m	苯	1									
	氯苯	0.903*	1								
	苯并(a)蒽	0.506	0.684	1							
	苯并(b)荧蒽	0.842	0.655	0.879**	1						
	苯并(a)芘	-0.355	0.997**	0.820*	0.994**	1					
	茚并(1,2,3-cd)芘	0.504	0.971	0.999*	0.742**	0.003	1				

土层	污染物	苯	氯苯	苯并(a)蒽	苯并(b)荧蒽	苯并(a)芘	茚并(1,2,3-cd)芘	二苯并(a,h)蒽	p,p′-DDE	p,p′-DDD	DDT
中层 2~4m	二苯并(a,h)蒽	0.818	0.611	0.917*	0.003	0.543	−0.500	1			
	p,p′-DDE	0.174	0.544	0.552	0.530	0.489	0.071	−0.458	1		
	p,p′-DDD	0.389	0.693	0.183	0.576	0.673	0.330	−0.388	0.483	1	
	DDT	0.117	0.963	0.384	0.474	−0.081	−0.338	−0.562	0.940*	0.749	1
下层 4~10m	苯	1									
	氯苯	0.927**	1								
	苯并(a)蒽	0.527	0.013	1							
	苯并(b)荧蒽	0.451	0.349	0.864	1						
	苯并(a)芘	0.427	0.553	0.957	0.236	1					
	茚并(1,2,3-cd)芘	0.467	0.483	0.897	0.452	0.649	1				
	二苯并(a,h)蒽	0.691	0.072	0.698	0.784	0.470	0.516	1			
	p,p′-DDE	−0.190	−0.091	−0.354	−0.125	−0.372	0.136	0.213	1		
	p,p′-DDD	−0.308	0.767	−0.289	0.071	0.387	0.178	−0.224	0.558	1	
	DDT	−0.301	0.177	−0.653	−0.110	0.141	0.552	−0.478	0.906	0.785	1

注：*在0.05水平（双侧）上显著相关；**在0.01水平（双侧）上显著相关。

为了进一步分析场地土壤中污染物来源情况，对土壤有机污染物[苯、氯苯、苯并(a)蒽、苯并(b)荧蒽、苯并(a)芘、茚并(1,2,3-cd)芘、二苯并(a,h)蒽、p,p'-DDE、p,p'-DDD、DDT]浓度进行聚类分析和主成分分析（PCA），如图3-19所示。

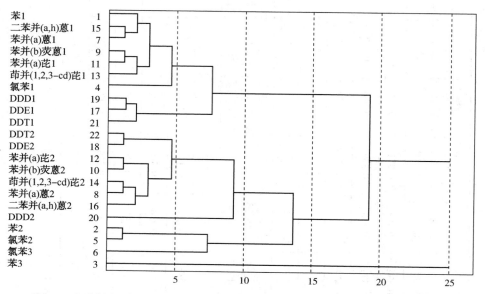

注："1"表示表层土壤(0~2m)，"2"表示中层土壤(2~4m)，"3"表示下层土壤(4~10m)。

图3-19　聚类树形图

根据污染物分布特征并结合相关分析结果，聚类分析和主成分分析选择表层土壤中苯、氯苯、苯并(a)蒽、苯并(b)荧蒽、苯并(a)芘、茚并(1,2,3-cd)芘、二苯并(a,h)蒽、p,p'-DDE、p,p'-DDD和DDT浓度，中层土壤苯、氯苯、苯并(a)蒽、苯并(b)荧蒽、苯并(a)芘、茚并(1,2,3-cd)芘、二苯并(a,h)蒽、p,p'-DDE、p,p'-DDD和DDT浓度，下层土壤苯和氯苯浓度进行分析。

聚类分析可以实现不同元素的定量分类，从而将具有相同污染源的土壤有机污染物进行分类，有助于污染源的识别。本文利用SPSS10数据分析软件，采用分层聚类方法对10种元素进行聚类分析，并选用组间连接法，距离测量采用平方欧氏距离，聚类结果分为4类：（1）表层土壤中的苯-苯并(a)蒽-苯并(b)荧蒽-苯并(a)芘-茚并(1,2,3-cd)芘-二苯并(a,h)蒽-氯苯-p,p'-DDE-p,p'-DDD-DDT；（2）中层土壤中p,p'-DDE-DDT和中层土壤中苯并(a)蒽-苯并(a)芘-茚并(1,2,3-cd)芘-二苯并(a,h)蒽-p,p'-DDD；（3）中层土壤苯-中层土壤氯苯-下层土壤氯苯；（4）下层土壤中的苯。污染物的聚类分析和相关性分析结果基本一致，因此接下来通过因子分析来判断不同污染物的污染源。

因子分析是根据相关性的大小将变量分组,可以获得若干变量间潜在的公共影响因子。对土壤中各污染物含量进行因子分析,有助于获得不同有机物污染源的关系,并判断不同污染源对有机物的贡献程度。公因子方差如表3-8所示。

表3-8 公因子方差

有机污染物	初始	提取
苯1	1.000	0.759
苯2	1.000	0.825
苯3	1.000	0.935
氯苯1	1.000	0.656
氯苯2	1.000	0.700
氯苯3	1.000	0.697
苯并(a)蒽1	1.000	0.742
苯并(a)蒽2	1.000	0.666
苯并(b)荧蒽1	1.000	0.640
苯并(b)荧蒽2	1.000	0.686
苯并(a)芘1	1.000	0.882
苯并(a)芘2	1.000	0.662
茚并(1,2,3-cd)芘1	1.000	0.600
茚并(1,2,3-cd)芘2	1.000	0.750
二苯并(a,h)蒽1	1.000	0.714
二苯并(a,h)蒽2	1.000	0.810
p,p'-DDE1	1.000	0.827
p,p'-DDE2	1.000	0.793
p,p'-DDD1	1.000	0.814
p,p'-DDD2	1.000	0.742
DDT1	1.000	0.822
DDT2	1.000	0.806

本文通过主成分分析法对土壤中有机污染物的来源进行因子分析。在因子分析之前,首先对研究区域土壤样品中有机污染物浓度进行 Kaiser-Meyer-Olkin (KMO)检验和 Bartlett's 球度检验。其中,KMO 统计量为 $0.656 > 0.5$,$P = 0 < 0.001$,均满足因子分析要求,根据特征值大于 1 原则,提取前 4 个主成分方差

累计贡献率达到73.90%。公因子方差比结果显示，每一个指标变量的共性方差均在0.6以上，即可以反映所有变量73.90%的信息；表明该主成分能够在较大程度上表征土壤中污染物的来源信息(见表3-9)。

表3-9 污染物含量的主成分分析

元素	初始因子载荷				旋转后因子载荷			
	PC1	PC2	PC3	PC4	PC1	PC2	PC3	PC4
苯1	-0.269	0.798	0.335	0.535	0.895	-0.065	0.256	0.224
苯2	-0.354	0.616	0.134	0.124	0.262	-0.071	0.850	-0.002
苯3	-0.371	0.693	0.217	0.178	0.285	-0.076	-0.042	0.909
氯苯1	-0.321	0.452	0.345	-0.104	0.171	0.352	0.356	-0.556
氯苯2	0.467	0.056	0.190	0.345	-0.028	0.116	0.676	-0.100
氯苯3	0.520	0.053	0.102	0.564	-0.034	-0.045	0.765	-0.089
苯并(a)蒽1	-0.156	0.767	-0.020	-0.198	0.804	-0.069	-0.007	0.184
苯并(a)蒽2	0.150	0.677	0.173	-0.322	0.262	0.521	0.083	0.134
苯并(b)荧蒽1	0.356	0.199	-0.382	0.573	0.523	0.323	0.248	-0.075
苯并(b)荧蒽2	-0.101	0.497	0.020	0.348	-0.200	0.510	0.010	0.209
苯并(a)芘1	0.839	0.276	0.305	-0.096	0.644	0.265	0.483	-0.026
苯并(a)芘2	0.316	0.306	0.593	0.085	0.141	0.517	0.302	0.231
茚并(1,2,3-cd)芘1	0.510	0.116	0.381	-0.124	0.550	0.170	0.328	-0.087
茚并(1,2,3-cd)芘2	-0.176	0.075	0.504	0.528	-0.089	0.417	0.430	-0.386
二苯并(a,h)蒽1	0.016	0.688	-0.422	0.072	0.731	-0.211	-0.037	0.176
二苯并(a,h)蒽2	0.344	0.707	-0.367	-0.116	0.110	0.521	0.099	-0.011
p,p'-DDE1	0.574	0.053	-0.621	0.231	0.883	0.084	0.091	-0.099
p,p'-DDE2	0.637	-0.136	0.150	0.220	-0.026	0.832	0.121	-0.051
p,p'-DDD1	0.568	-0.036	-0.529	0.340	0.856	-0.022	0.089	-0.034
p,p'-DDD2	0.506	-0.215	0.189	0.186	-0.055	0.541	0.102	-0.112
DDT1	0.610	-0.022	0.004	-0.491	0.864	-0.031	-0.038	-0.085
DDT2	0.540	-0.029	0.236	-0.551	-0.047	0.893	0.007	-0.069
特征值	4.169	3.431	2.224	1.874	2.903	2.570	2.446	2.260
累积方差贡献率	25.844	47.997	63.118	73.896	21.513	41.366	59.596	73.896

注："1"表示表层土壤(0~2.0m)，"2"表示中层土壤(2.0~4.0m)，"3"表示下层土壤(4.0~10.0m)；提取方法为主成分分析法；旋转方法为方差最大法。

主成分 1（PC1）的方差贡献为 21.51%，表层土壤中苯、苯并（a）蒽、苯并（b）荧蒽、苯并（a）芘、茚并（1，2，3 - cd）芘、二苯并（a，h）蒽、p,p'-DDE、p,p'-DDD、DDT 的载荷分别为 0.895、0.804、0.523、0.644、0.550、0.731、0.883、0.856、0.864，载荷均大于 0.4，且与相关分析结果一致，其浓度均高于土壤背景值，说明 PC1 反映表层多环芳烃类、有机氯农药土壤污染主要受人为生产活动影响。多环芳烃除自然成因外，主要来自化石燃料和木材等在使用过程中的泄漏、不完全燃烧产物的排放等。一般认为，油类污染的多环芳烃以烷基化多环芳烃为主，而不完全燃烧的多环芳烃则以母体多环芳烃为主。结合有机污染物空间分布特征以及因子 1 得分与生产功能区叠加可知，因子 1 污染物主要位于 A 区东部、I 区水泥厂和 K 区服务公司土建队车库和仓库旁，A 区东部、I 区水泥厂的污染原因主要是电石渣的堆存，K 区服务公司土建队车库和仓库旁的污染源主要是运输产品车辆在此停放过程中车上遗留物遗撒造成的。因此，因子 1 所代表的主要影响因素是固体废弃物及原料堆存。

A 区域为固定的废弃物堆放点，主要用于电石渣的堆放。电石渣来源于公司 PVC 生产过程中利用电石与水反应制备乙炔气体过程中产生的工业废渣，其主要成分是 Ca(OH)$_2$。该区域电石渣堆存过程中曾利用废硫酸、废盐酸进行中和反应，可能是土壤中多环芳烃等污染物的主要来源。生产时间较短的滴滴涕车间产生的废弃物也在此堆存，产量虽小，却是有机氯农药的主要来源。I 区域前期为电石残渣堆放处，整个区域地表有约 10cm 厚的电石渣，废渣中还掺杂着部分滴滴涕废弃物，可能造成有机氯农药污染。该区域目前的主要生产活动是水泥厂，采用湿磨半干烧生产工艺，利用电石废渣、煤灰和硫铁废渣生产优质硅酸盐熟料。水泥生产原料粉煤灰中可能含有多环芳烃，是该区域多环芳烃的主要来源。K 区域前期主要为废氯气吸收塔和堆放电石渣的地方，是该区域土壤多环芳烃污染的主要原因。PVC 生产停止后，该区域内建有 PVC 仓库和服务公司土建队。服务公司土建队厂房为土建设备暂存处，库房贮存土建用工具。该处车库中的车辆曾用于厂内原料石油苯、氯苯和产品 DDT 的运输。因此，该区域表层土壤苯、有机氯农药的污染主要来源于运输车辆停放后的滴漏。

主成分 2（PC2）的方差贡献为 19.85%，中层土壤中 p,p'-DDE 和 DDT 的载荷较高，分别为 0.832 和 0.893，且与相关分析结果一致。结合污染物空间分布特征可知，该层污染物主要分布在 E 区铁路线附近。该区域主要为厂内铁路运输线路及库房，库房隶属于包装公司和服务公司安装队。包装公司的包装物库房主要用来储存木质包装物，服务公司安装队库房主要储存设备与安装工具。生产时间较短的滴滴涕依靠此运输线路和汽车外运出售，火车在运输过程中可能会将运输原料泄漏。因此，因子2主要污染源由铁路运输过程造成。此外，中层土壤中苯并(a)蒽、苯并(b)荧蒽、苯并(a)芘、茚并(1,2,3-cd)芘、二苯并(a,h)蒽、p,p'-DDD也有一定载荷，分别为0.521、0.510、0.517、0.417、0.521、0.541，正相关关系显著，且聚类分析结果为一类，可认为PC2有两种主成分来源。该层相关土壤污染物浓度低于土壤背景值，说明PC2部分反映了受场地内部早期生产活动的影响，污染物早期出现累积，并通过淋溶下迁和功能区更改后上部填土厚度的不断增加而逐渐在中层粉质黏土层的上部聚集。

主成分3(PC3)的方差贡献为18.23%，中层土壤苯和氯苯以及下层土壤氯苯的载荷较高，分别为0.850、0.676、0.765，中层土壤中苯-氯苯相关系数高达0.903，说明其来源的一致性。结合污染物空间分布特征可知，苯分布范围为2.0~10.0m，氯苯的污染相对较轻，与苯污染区域重叠，污染深度主要集中在场地的6.0~7.0m。因子3污染物主要位于C区泄漏站台和D区储罐区。C区域为运输原料车卸料站台与灭火用泡沫站及相应泵房。原料运输车在卸料站台停靠，经泵与管道将原料输入罐区，主要运输的原料包括苯、氯苯、硫酸与碱液。泡沫灭火剂中的主要成分为酸性盐(硫酸铝)、碱性盐(碳酸氢钠)、发泡剂(植物水解蛋白质或甘草粉)、稳定剂(三氯化铁)以及氟碳表面活性剂。因此，本区域的苯系物、氯苯类污染主要来源于卸料过程中发生的原料泄漏与泡沫站泡沫灭火剂的泄漏。D区域主要为液体储罐分布区域，区域内的液体储罐前期主要用于储存液体苯和氯苯，后期改为存放碱液和硫酸。因此，该区域苯系物、氯苯类的污染物主要来源为储存液体在灌装以及储存过程中的泄漏。综上所述，因子3所代表的主要污染源为卸料过程中的泄漏或储罐泄漏。

主成分4(PC4)方差贡献为14.30%，仅下层苯的载荷较高，为0.909，属于强载荷。根据污染物分布特征可知，下层土壤苯污染主要分布在E区东部、K区服务公司土建队车库和仓库旁、L区，主要为污染物迁移造成。E区、K区车辆主要用于厂内原料石油苯、氯苯等的运输，因此运输过程中原料泄漏、运输车辆停放后的滴漏以及上游储罐区与卸料台泄漏均会造成地下水高浓度污染物随水流迁移，从而下游土壤吸附富集大量污染物使得下游深层土壤中苯污染物超标而表层土壤未超标，这也是苯垂直分布深度较大的主要原因。因此，因子4所代表的主要污染源为污染物的迁移。

化工行业的特征污染物具有挥发性、持久性、生物累积性，对生态系统和人体健康具有较大危害。随着城市用地结构性的调整，企业搬迁遗留下大量污染土地。由于企业长期运营过程中使用大量化品，产生大量的污染物，这些化学品和污染物主要包括生产过程的跑、冒、滴、漏，原料和产成品储存过程及固体废弃物临时存放过程的遗撒和渗漏，污水输送管线和污水处理设施的渗漏等过程。污染物的遗撒和渗漏会造成场地表层土壤的污染，然后再通过雨水的淋溶下渗，向下迁移至深层土壤和地下水中，造成土壤和地下水的污染。地下水中的污染物还会在水流作用下通过弥散、扩散等迁移造成污染范围的扩大。此外，厂区的生产过程中会产生大气污染物的无组织排放和组织排放，这些污染物因干湿沉降会降落至下风向地面，长此以往将引起地表土壤污染，再通过污染物的垂直迁移污染深层土壤和地下水。场外大气污染源的污染物排放同样也会通过该迁移途径影响到下风向的场地，造成场地土壤质量下降。针对以上情况，有必要对场地土壤展开进一步调查研究，进行污染场地环境风险评价。

3.4 污染场地再利用风险评估

污染场地健康风险的评估主要采用剂量–效应模型，对受体通过各种暴露途径摄入场地不同污染介质中污染物导致的健康效应进行定量表征。其中，对于致癌污染物，主要定量计算受体因摄入评估场地污染介质中各种致癌性污染物而导致其致癌风险的增加量。对于非致癌性污染物，主要定量计算受体因摄入评估场地污染介质中各种非致癌性污染物而导致的危害熵。

污染场地健康风险的评估主要包括危害识别、暴露评估、毒性评估以及风险表征 4 项工作内容。

（1）危害识别：识别关心的污染物及暴露点的浓度。

（2）暴露评估：确认潜在暴露人口、暴露途径、暴露程度。

（3）毒性评估：综合暴露分析和毒性分析，确定污染浓度水平与健康的反应之间的关系。

（4）风险表征：确定场地的环境及健康风险。

在确定风险时应考虑未来土地利用方向，一般来说，未来土地利用可以有 3个方向：①工业与商贸用地；②农业用地；③居住用地。根据本场地的用地规划（居住），本评价将按照居住用地类型进行分层评价。

3.4.1 危害识别

依据《污染场地风险评估技术导则》（HJ 25.3—2014）要求，本次评价需要对本场地土壤中的超标污染物进行风险评估。场地环境调查结论表明，本场地土壤超过筛选值的物质共有 10 种，分别为苯、氯苯、苯并（a）蒽、苯并（b）荧蒽、苯并（a）芘、茚并（1，2，3-cd）芘、二苯并（a，h）蒽、p,p'-DDE、p,p'-DDD 和 DDT，因此，选择这 10 种物质开展场地土壤风险评估工作。

3.4.2 暴露评估

暴露评估是在危害识别的工作基础上，分析场地土壤中关注污染物进入并危害敏感受体的情景，确定场地土壤污染物对敏感人群的暴露途径，确定污染物在环境介质中的迁移模型和敏感人群的暴露模型，确定与场地污染状况、土壤性质、地下水特征、敏感人群和关注污染物性质等相关的模型参数值，根据暴露模型和相应的参数计算敏感人群在不同暴露情景下对应的暴露量。

3.4.2.1 暴露情景

确定场地环境污染的健康风险暴露情景是场地风险评估的关键之一。因此，结合场地规划和场地污染可能采用的修复技术类型，构建暴露情景：本场地整个区域规划建设地下车库，约 6m 以上土壤均需开挖，主要暴露途径为经皮肤接触、经口摄入、吸入颗粒物和吸入挥发性气体；车库以下污染土壤采用原位技术进行处置后，用地下车库水泥底板将其覆盖，无须进行开挖，切断了经皮肤接触、经口摄入、吸入颗粒物途径，只剩下吸入挥发性气体途径。

3.4.2.2 暴露途径

根据场地污染源分层构建评估模型，第①层污染土壤为现地表以下 0~4.0m 的填土，被挖出后将完全暴露于环境中，对于场地内居住的人群将通过经口摄入、皮肤接触、吸入污染颗粒物和挥发性气体等途径对人体造成危害，因此该层土壤评估时考虑全部途径；第②层土壤为现地表以下 4.0~6.0m 的粉土，在第①层土壤被挖出后以表土的形式暴露于环境中，同第①层土壤的评估模型；第③层土壤为现地表以下 6.0~9.0m 的中粗砂，该层土壤在第②层土壤被挖出后被车库水泥底板覆盖，将切断经皮肤接触、经口摄入、吸入颗粒物途径，污染物仅通过挥发性气体途径接触人体，因此该层土壤评估仅考虑吸入挥发性气体途径；第④层土壤为现地表以下 9.0~10.0m 的粉质黏土，在第③层土壤被覆盖后以深层土的形式被覆盖，同第③层土壤的评估模型。

3.4.2.3 暴露因子

本文中涉及的暴露因子参数来自我国《污染场地风险评估技术导则》（HJ 25.3—2014），结合场地实际规划确定为以居住用地为代表的敏感用地暴露因子（见表 3-10）。

表 3-10　场地评价暴露因子

暴露参数		单位	成人	儿童
ATca	致癌效应平均时间	d	26280	26280
ATnc	非致癌效应平均时间	d	2190	2190
ED	暴露周期	a	24	6
EF	暴露频率	d/a	350	350
EFI	室内暴露频率	d/a	262.5	262.5
EFO	室外暴露频率	d/a	87.5	87.5
BW	平均体重	kg	56.8	15.9
H	平均身高	cm	156.3	99.4
DAIR	每日空气呼吸量	m^3/d	14.5	7.5
OSIR	每日摄入土壤量	mg/d	100	200
Ev	每日皮肤接触事件频率	次/d	1	1
SER	暴露皮肤所占体表面积比	无量纲	0.32	0.36
SSAR	皮肤表面土壤黏附系数	mg/cm	0.07	0.2
ABS0	经口摄入吸收效率因子	无量纲	1	1
PIAF	吸入土壤颗粒物在体内滞留比例	无量纲	0.75	0.75
fspi	室内空气中来自土壤的颗粒物所占比例	无量纲	0.8	0.8
fspo	室外空气中来自土壤的颗粒物所占比例	无量纲	0.5	0.5
PM10	空气中可吸入颗粒物含量	mg/cm^3	0.15	0.15
SAF	暴露于土壤的参考剂量分配比例	无量纲	0.33	0.20

3.4.2.4　暴露量

根据《污染场地风险评估技术导则》(HJ 25.3—2014)相关公式计算出土壤中各种致癌污染物和非致癌污染物的暴露量见表 3-11 和表 3-12。

3.4.3　毒性评估

毒性评估的工作内容是在危害识别的基础上,分析关注污染物对人体健康的危害效应,包括致癌和非致癌效应,确定与关注污染物相关的毒性参数,包括参考剂量、参考浓度、致癌斜率因子和单位致癌因子等。本文中采用的毒性参数及其来源见表 3-13。土壤污染健康风险评估结果见表 3-14。

表3-11 致癌性物质在各种暴露途径下的暴露量

单位 kg土壤/（kg体重·d）

途径	苯	苯并(a)蒽	苯并(b)荧蒽	苯并(a)芘	茚并(1,2,3-cd)芘	二苯并(a,h)蒽	p,p'-DDE	p,p'-DDD	DDT
第①层(0~4.0m)									
经口摄入	3.88E-06	1.66E-05	1.96E-05	9.66E-05	6.76E-06	2.32E-05	1.76E-05	1.55E-06	1.03E-05
皮肤接触	—	6.14E-06	7.24E-06	3.57E-05	2.50E-06	8.59E-06	5.00E-06	4.42E-07	8.78E-07
吸入室内颗粒物	1.11E-08	5.03E-08	5.93E-08	2.93E-07	2.05E-08	7.68E-08	1.01E-07	8.99E-09	5.90E-08
吸入室外颗粒物	2.31E-09	1.05E-08	1.24E-08	6.10E-08	4.27E-09	1.60E-08	2.10E-08	1.87E-09	1.23E-08
吸入室内下层蒸气	3.44E-03	0.00E+00	0.00E+00	0.00E+00	0.00E+00	0.00E+00	0.00E+00	0.00E+00	0.00E+00
吸入室外表层蒸气	7.51E-07	4.22E-08	7.50E-09	3.35E-08	1.45E-09	3.69E-09	1.71E-07	6.19E-09	3.66E-08
吸入室外下层蒸气	3.59E-06	0.00E+00	0.00E+00	0.00E+00	0.00E+00	0.00E+00	0.00E+00	0.00E+00	0.00E+00
第②层(4.0~6.0m)									
经口摄入	1.85E-05								
皮肤接触	—								
吸入室内颗粒物	5.29E-08								
吸入室外颗粒物	1.10E-08								
吸入室内下层蒸气	4.76E-03								
吸入室外表层蒸气	3.59E-06								
吸入室外下层蒸气	4.96E-06								
第③层(6.0~9.0m)									
吸入室内下层蒸气	1.65E-03								
吸入室外表层蒸气	—								
吸入室外下层蒸气	1.72E-06								
第④层(9.0~10.0m)									
吸入室内下层蒸气	1.65E-03								
吸入室外表层蒸气	—								
吸入室外下层蒸气	1.72E-06								

注："—"表示该污染物无相关参数或无此暴露途径，无法计算；空白表示该层土壤中此污染物未超过场地筛选值，下同。

表 3-12 非致癌性物质在各种暴露途径下的暴露量

kg 土壤/(kg 体重·d)

途径	苯	氯苯	DDT
第①层(0~4.0m)			
经口摄入	6.78E-01		2.23E+00
皮肤接触	—		1.71E-01
吸入室内颗粒物	8.97E-04		—
吸入室外颗粒物	1.87E-04		—
吸入室内下层蒸气	5.58E+02		—
吸入室外表层蒸气	2.43E-01		—
吸入室外下层蒸气	5.81E-01		—
第②层(4.0~6.0m)			
经口摄入	3.24E+00	247E-01	
皮肤接触	4.29E-03	—	
吸入室内颗粒物	8.93E-04	9.81E-04	
吸入室外颗粒物	3.85E+02	2.04E-04	
吸入室内下层蒸气	2.91E-0	6.08E+01	
吸入室外表层蒸气	4.02E-01	6.65E-02	
吸入室外下层蒸气		6.34E-02	
第③层(6.0~9.0m)			
吸入室内下层蒸气	1.34E+02	0.00E+00	
吸入室外表层蒸气			
吸入室外下层蒸气	1.39E-01	0.00E+00	
第④层(9.0~10.0m)			
吸入室内下层蒸气	1.34E+02		
吸入室外表层蒸气			
吸入室外下层蒸气	1.39E-01		

表 3-13　场地土壤污染物的毒性参数

化合物	参数/来源	经口摄入吸收致癌斜率因子 SF_o/(mg/kg·d)⁻¹	呼吸吸入吸收致癌斜率因子 SF_i/(mg/kg·d)⁻¹	皮肤接触吸收致癌斜率因子 SF_d/(mg/kg·d)⁻¹	经口摄入吸收参考剂量 RfD_o/(mg·kg·d)	呼吸吸入吸收参考剂量 RfD_i/(mg·kg·d)	皮肤接触吸收参考剂量 RfD_d/(mg·kg·d)	呼吸吸入吸收参考浓度 RfC/(mg/m³)	呼吸吸入单位致癌风险 IUR/(mg/m³)⁻¹	皮肤接触吸收效率因子 ABS_d	消化道吸收效率因子 ABS_{gi}
苯	参数	5.50E-02	3.06E-02	5.50E-02	4.00E-03	7.66E-03	4.00E-03	3.00E-02	7.80E-03	—	1.00E+00
	来源	EPA-I	导则计算	导则计算	EPA-I	导则计算	导则计算	EPA-I	EPA-I	—	R369
氯苯	参数	—	—	—	2.00E-02	1.28E-02	2.00E-02	5.00E-02	—	—	1.00E+00
	来源	R369	R369	—	EPA-I	导则计算	导则计算	R369	—	—	R369
苯并(a)蒽	参数	7.30E-01	4.31E-01	7.30E-01	—	—	—	—	1.10E-01	1.30E-01	1.00E+00
	来源	R369	导则计算	导则计算	—	—	—	—	R369	R369	R369
苯并(b)荧蒽	参数	7.30E-01	4.31E-01	7.30E-01	—	—	—	—	1.10E-01	1.30E-01	1.00E+00
	来源	R369	导则计算	导则计算	—	—	—	—	R369	R369	R369
苯并(a)芘	参数	7.30E+00	4.31E+00	7.30E+00	—	—	—	—	1.10E+00	1.30E-01	1.00E+00
	来源	R369	导则计算	导则计算	—	—	—	—	R369	R369	R369
茚并(1,2,3-cd)芘	参数	7.30E-01	4.31E-01	7.30E-01	—	—	—	—	1.10E-01	1.30E-01	1.00E+00
	来源	R369	导则计算	导则计算	—	—	—	—	R369	R369	R369
二苯并(a,h)蒽	参数	7.30E+00	4.70E+00	7.30E+00	—	—	—	—	1.20E+00	1.30E-01	1.00E+00
	来源	R369	导则计算	导则计算	—	—	—	—	R369	R369	R369
p,p'-DDE	参数	3.40E-01	3.80E-01	3.40E-01	—	—	—	—	9.70E-02	1.00E-01	1.00E+00
	来源	EPA-I	导则计算	导则计算	—	—	—	—	R369	R369	R369
p,p'-DDD	参数	2.40E-01	2.70E-01	2.40E-01	—	—	—	—	6.90E-02	1.00E-01	1.00E+00
	来源	EPA-I	导则计算	导则计算	—	—	—	—	R369	R369	R369

续表

化合物		经口摄入吸收致癌斜率因子 SF_o/(mg·kg·d)$^{-1}$	呼吸吸入吸收致癌斜率因子 SF_i/(mg·kg·d)$^{-1}$	皮肤接触吸收致癌斜率因子 SF_d/(mg·kg·d)$^{-1}$	经口摄入参考剂量 RfD_o/(mg·kg·d)	呼吸吸入参考剂量 RfD_i/(mg·kg·d)	皮肤接触参考剂量 RfD_d/(mg·kg·d)	呼吸吸入参考浓度 RfC/(mg/m³)	呼吸吸入单位致癌风险 IUR/(mg/m³)$^{-1}$	皮肤接触吸收效率因子 ABS_d	消化道吸收效率因子 ABS_{gi}
DDT	参数	3.40E-01	3.80E-01	3.40E-01	5.00E-04	—	5.00E-04	—	9.70E-02	3.00E-02	1.00E+00
	来源	EPA-I	导则计算	导则计算	EPA-I	—	导则计算	—	EPA-I	R369	R369

注:(1)数据来源于《污染场地风险评估技术导则》(HJ 25.3—2014)中污染物性质参数推荐值;(2)"I"代表数据来自"美国环保局综合风险信息系统(USEPA Integrated Risk Information System)";(3)"R369"代表数据来自美国环保局第3、6、9区分局"区域筛选值(Regional Screening Levles)总表"污染物毒性数据(2013年5月发布)。

表3-14 土壤污染健康风险评估结果

序号	污染物	第①层(0~4.0m)		第②层(4.0~6.0m)		第③层(6.0~9.0m)		第④层(9.0~10.0m)	
		致癌风险	危害熵	致癌风险	危害熵	致癌风险	危害熵	致癌风险	危害熵
1	苯	6.90E-03	5.60E+02	4.78E-03	3.89E+02	1.65E-03	1.34E+02	1.65E-03	1.34E+02
2	氯苯	2.28E-05	—	—	6.12E+01	—	0.00E+00	—	—
3	苯并(a)蒽	2.69E-05	—	—	—	—	—	—	—
4	苯并(b)荧蒽	1.33E-04	—	—	—	—	—	—	—
5	苯并(a)芘	9.29E-06	—	—	—	—	—	—	—
6	茚并(1,2,3-cd)芘	3.19E-05	—	—	—	—	—	—	—
7	二苯并(a,h)蒽	2.29E-05	—	—	—	—	—	—	—
8	p,p'-DDE	2.01E-06	—	—	—	—	—	—	—
9	p,p'-DDD	1.13E-05	—	—	—	—	—	—	—
10	DDT	—	2.50E+00	—	—	—	—	—	—

注:"空白"指无此类风险;"—"表示本土层污染物浓度没有超过场地风险评估筛选值,不计算风险。

3.4.4 风险表征

在暴露评估和毒性评估的工作基础上，采用风险评估模型计算单一污染物经单一暴露途径的风险值、单一污染物经所有暴露途径的风险值、所有污染物经所有暴露途径的风险值。风险表征计算的风险值包括单一污染物的致癌风险值、所有关注污染物的总致癌风险值、单一污染物的危害熵（非致癌风险值）和多个关注污染物的危害指数（非致癌风险值）。

3.4.5 评价结果

依据《污染场地风险评估技术导则》（HJ 25.3—2014）要求，本次评价需要对本场地土壤中的超标污染物进行风险评估。场地环境调查结论表明，本场地土壤超过筛选值的物质共有10种，分别为苯、氯苯、苯并(a)蒽、苯并(b)荧蒽、苯并(a)芘、茚并(1,2,3-cd)芘、二苯并(a,h)蒽、p,p'-DDE、p,p'-DDD和DDT。因此，选择这10种物质开展场地风险评估工作。由于本场地内污染物分布不均匀，因此各层污染物均以最大值进行统计。表3-15列出了本次土壤风险评估关注的各层土壤中污染物种类及其浓度取值。

表3-15　场地土壤风险评估关注的污染物种类及其浓度取值　　　mg/kg

| 序号 | 污染物 | 筛选值 | 第①层 | 第②层 | 第③层 | 第④层 |
| | | | 0~4.0m | 4.0~6.0m | 6.0~9.0m | 9.0~10.0m |
			杂填土	粉土	中粗砂	粉质黏土
1	苯	0.64	45	215	297	103
2	氯苯	41	—	82.0	78.1	—
3	苯并(a)蒽	0.5	14.5	—	—	—
4	苯并(b)荧蒽	0.5	17.1	—	—	—
5	苯并(a)芘	0.2	8.44	—	—	—
6	茚并(1,2,3-cd)芘	0.2	5.91	—	—	—
7	二苯并(a,h)蒽	0.05	203	—	—	—
8	p,p'-DDE	1.0	33.0	—	—	—
9	p,p'-DDD	2.0	4.13	—	—	—
10	DDT	10	19.3	—	—	—

注："—"表示该区域该土层土壤中污染物的浓度未超标，无须进行风险评估。

根据本场地的整体规划，本场地将用于建设住宅，按照《城市用地分类与规划建设用地标准》（GB 50137—2011）属于居住用地中的二类居住用地（R2）。该用地方式下，儿童和成人均可能长时间暴露，其污染危害受体包括儿童和成人。对于致癌效应，应考虑人群的终身暴露危害，并根据儿童期和成人期的暴露来评估污染物的终身致癌风险；对于非致癌效应，儿童体重较轻、暴露量较高，根据儿童期暴露来评估污染物的非致癌效应。

根据《污染场地风险评估技术导则》（HJ 25.3—2014）要求，计算基于致癌效应的土壤和地下水风险控制值时，采用的单一污染物可接受致癌风险为 10^{-6}；计算基于非致癌效应的土壤和地下水风险控制值时，采用的单一污染物可接受危害商为 1。

在本场地用地规划区域范围内，第①层土壤中有苯、苯并（a）蒽、苯并（b）荧蒽、苯并（a）芘、茚并（1,2,3-cd）芘、二苯并（a,h）蒽、p,p'-DDE、p,p'-DDD 和 DDT 共 9 种污染物存在致癌风险，致癌风险水平分别为 6.90E-03、2.28E-05、2.69E-05、1.33E-04、9.29E-06、3.19E-05、2.29E-05、2.01E-06、1.13E-05，苯和 DDT 存在非致癌风险，非致癌危害熵分别为 5.60E+02、2.50E+00。第②层土壤中苯存在健康风险，致癌风险和非致癌风险并存。其中，致癌风险水平为 4.78E-03，非致癌危害熵为 3.89E+02，氯苯存在非致癌风险，非致癌危害熵为 6.12E+01。第③层土壤中苯存在健康风险，致癌风险和非致癌风险并存，其中致癌风险水平为 1.65E-03，非致癌危害熵为 1.34E+02。第④层土壤中苯存在健康风险，致癌风险和非致癌风险并存，其中致癌风险水平为 1.65E-03，非致癌危害熵为 1.34E+02。

3.4.6 场地风险评估不确定性分析

受研究水平、时间及资料等限制，本项目的风险评估可能存在以下不确定性：

（1）场地调查过程中的不确定性。本次调查过程尽可能地收集了原厂区的资料，并走访了多位了解场地情况的技术员，但由于该厂的生产历史较长，该过程中是否发生过不被关注的未经记录的点源土壤污染事件，场地调查过程中又恰好遗漏此污染点等情况，可能对调查结果产生影响。

（2）场地采样过程中的不确定性。本次调查过程尽可能在疑似污染区域进行了布点，但由于土壤是一种特殊介质，不同于水污染和大气污染扩散较快的特点，土壤中的污染物迁移较慢，如不是长期的渗漏过程，很难产生面源污染，而小范围的点源污染很可能在布点过程中被遗漏；另外，挥发性、半挥发性土壤样品采集时主要针对污染界面，可能形成最终污染深度的判断偏差。

（3）风险评估模型选择的不确定性。本报告中选用了《污染场地风险评估技术导则》（HJ 25.3—2014）中推荐的模型作为计算依据。该模型长期以来被各地广泛应用于实际污染场地的风险评估，在模型的选用上可能不会产生较大不确定性。

（4）暴露途径的不确定性。在风险评估过程中，不同国家或研究机构之间暴露途径选择不尽相同，有时候差异还比较大。一方面是地区实际情况的差异，另一方面是各国风险评估方法理论框架带来的差异。本研究主要遵从场地风险评估技术导则。

（5）参数的不确定性。本研究尽量采用实测数据（如场地参数）和国内官方认可的参数，但由于我国相关基础研究十分匮乏（如对暴露参数和建筑物参数的估计），因此仍有某些参数采用的是国外数据，难免会造成参数估计不能完全反映我国的实际情况。另外，由于部分毒性效应和污染物毒性参数的缺失，无法开展定量风险评估工作，这可能导致结果的偏差。

（6）场地环境风险评估范围的不确定性。本次调查与评估均采用点位之间插值法进行污染范围和风险控制范围的确定，可能造成划定范围相对实际范围稍大或稍小的情况，具有不确定性。

3.5　结论

（1）本场地土壤中，超过本场地土壤风险筛选评价标准的污染物共有 10 种。主要的挥发性有机污染物为苯和氯苯，最高超标倍数分别为 463 倍和 1.0 倍；苯超标点位数为 36 个，位于场地卸料站台和储罐区以及地下水下游区域，局部污染严重；氯苯超标点位数为 2 个，位于场地卸料站台，为局部轻度污染；苯和氯苯的污染深度均在 6.0m、7.0m 和 8.0m 最重，主要是由污染物的迁移以及在地下水中的积累造成的。半挥发性有机物中，多环芳烃污染物是苯并（a）蒽、苯并（b）荧蒽、苯并（a）芘、茚并（1,2,3-cd）芘和二苯并（a,h）蒽，最大超标倍数分别为 28.0 倍、33.2 倍、41.2 倍、28.6 倍和 39.6 倍，超标点位数分别为 5 个、9 个、9 个、9 个和 5 个，局部污染较重；有机氯农药污染物是 p,p'-DDE、p,p'-DDD 和 DDT，最大超标倍数分别为 32.0 倍、1.07 倍和 18.3 倍，超标点位数分别为 4 个、3 个和 5 个，局部轻度污染。

（2）从污染物分布上看，大部分污染物分布与生产设备及生产活动范围相一致，且不存在整个区域内的面状污染，说明本场地土壤污染主要来自原厂的生产活动。主要污染途径包括：物料储存、运输、加工过程中的跑冒滴漏，固体废物堆放过程中的淋溶，污水管线和污水处理设施的渗漏，场内外大气污染物的干湿沉降等过程。

（3）在本场地住宅用地规划区域范围内，第①层土壤中有苯、苯并(a)蒽、苯并(b)荧蒽、苯并(a)芘、茚并(1,2,3-cd)芘、二苯并(a,h)蒽、p,p'-DDE、p,p'-DD 和 DDT 共 9 种污染物存在致癌风险，苯和 DDT 存在非致癌风险；第②层土壤中，苯致癌风险和非致癌风险并存，氯苯存在非致癌风险；第③层土壤中，苯致癌风险和非致癌风险并存；第④层土壤中，苯致癌风险和非致癌风险并存。

第4章 山西某煤化工厂周边农田土壤重金属污染风险评价

人类对土壤重金属污染历史悠久，从燃烧木柴到采矿和金属冶炼业的发展，再到工业革命时期大范围的化工生产，人类生产活动产生的重金属数量和种类逐渐增多。除工业生产外，农业生产同样会造成土壤重金属污染问题。人民的温饱问题一直是我国发展的重中之重，而农业产量的提高是解决我国粮食问题的重要方法之一，化肥的施用是我国农业稳产高产最常用的重要技术措施，但是化肥生产不仅在原料开采、加工生产和农用施肥过程中都携带一定量的重金属物质，而且在磷肥的加工过程、以煤为燃料的氮肥生产过程中还会产生其他重金属等，这些都会加重土壤污染问题。随着工农业生产活动的持续进行，土壤重金属污染也逐渐由点源污染向面源污染发展。

目前，为追求经济的快速发展而带来的土壤重金属污染问题已经成为社会经济发展中普遍存在的生态环境问题之一。我国工业场地周边土壤重金属尤其是多金属复合污染形势严峻。山西煤产量位居各省前列且煤化工发展迅速，在煤炭开采和加工过程中，"三废"（废水、废气、废物）的不当处理，会导致周边农田土壤的重金属污染，而这些有害重金属通过大气、水、土壤传播进入食物链进而发生生物富集，严重危及人们的健康，对人体产生了"三致"（致癌、致畸、致突变）的作用。根据2014年"全国土壤重金属污染公报"的数据结果，全国超过16%的土壤受到了重金属的污染，且镉污染物的超标率达到7.0%。进入土壤中的重金属一旦堆积就具有长期隐蔽、难降解且易被植物吸收等特性，通过土壤—作物—人体食物链关系，进入人体并富集在体内，从而对生物体产生危害，如日本的痛痛病（镉）、石门癌症村（砷）。如何对土壤中重金属的污染风险进行评价和评估，并追溯其来源是有效防治重金属污染的关键。

我国从2003年后半年步入重化工阶段，化工正式成为我国的主导经济产业之一，分布较广，但污染也日趋严重。然而，针对化工厂周边土壤重金属污染风险评价的文献报道较少：徐德江等对雅安某化工厂周边土壤重金属的污染状况进行了污染评价的研究；宋云等运用美国的健康风险评价框架对北京市某废弃化工厂场地进行了健康风险的评价分析；吴文涛等采用地累积指数法、潜在生态危害指数法等方法对化工厂遗留场地周边土壤的重金属进行了定性定量分析；刘霞等对湖南某化工厂的重金属污染土壤进行了测试评价及修复试验的研究；张凯等选取我国西北某煤化工为研究区，选用化学测试和数学方法对土壤中的重金属污染的特征及其来源进行了详细的解析；谢飞等采用地累积指数法和潜在生态危害指数法，对江苏典型工业区进行了重金属的污染及生态风险评价。山西省属于以重化工、煤炭为主导的省份，因此，及时对化工厂周边土壤进行污染分析和安全健康评价，有较重要的意义。

　　本章针对山西省某煤化工厂周边农田土壤重金属污染情况开展研究，该厂是以煤为原料生产高效复合肥的大型现代化企业，经过 40 多年的稳步发展，由起初单一的化肥生产厂发展成为集硝基化工与精细化工为一体的综合大型煤化工产业的集团。为当地经济带来发展的同时，对其周边农田污染的问题也日趋成为人们关注的焦点，尤其是重金属污染，被列为优先控制的环境污染物。目前针对该区域的研究尚属空白。本章选取该厂周边作为研究对象，对土壤剖面进行分割实地取样，然后测试、分析、对比和研究土壤中八大重金属元素的含量；并通过内梅罗指数法、潜在生态风险评价法与相关性分析等对土壤污染进行了较全面的评价。

4.1　研究区域及方法

4.1.1　研究区域

　　研究区位于山西省长治市，属暖温带半湿润大陆性季风气候区，四季分明，气候宜人，年平均气温 9.5℃，年平均降水量 503.7mm，年均日照时数 2435h 左右，年无霜期 176 天。

　　该煤化工厂是以煤为原料生产高效复合肥的大型现代化企业，主要生产工艺（见图 4-1）为将半无烟煤加压气化，制得的粗煤气变换冷却后再经低温甲醇洗和液氮洗、精制并配成 $H_2：N_2$ 为 3：1 的合成气，在加压和催化剂催化作用下制成合成氨；一部分合成氨用双加压法制成硝酸，一部分则用于硝酸磷肥生产；经干燥后的磷矿粉被硝酸分解，酸解液经冷冻结晶并过滤除去其中的四水硝酸钙 $[Ca(NO_3)_2 \cdot 4H_2O]$，母液用氨中和制得硝酸磷肥料浆，四水硝酸钙被转化为硝铵和碳酸钙，硝铵作为肥料浆的一部分被送到母液中和槽，肥料浆经浓缩后造粒干燥、冷却而成为最终产品——硝酸磷肥。该厂是我国率先以煤为原料生产高浓度复合肥的大型现代化企业，目前也是我国生产规模最大、工艺流程最完善、市场占有率最高、营销网络覆盖最广的高效复合肥生产基地。该厂对于发展世界复肥工业，改变肥料结构氮、磷比例失调问题，深入开发煤化工综合利用技术和实现碳中和的目标，具有非常重要的战略意义。随着化工厂40多年的生产活动，周边土壤也遭到不同程度的污染。

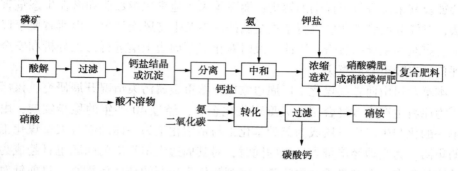

图 4-1　间接冷冻法制备硝酸磷肥生产工艺

4.1.2　样品采集与化验分析

选取该煤化工厂周边农田为研究对象，以工厂为中心采用梅花法布设采样点位，共采集 46 个土壤样品——通过五分点的取样法，即先确定对角线的中点作为中心采样点，再在对角线上选择 4 个与中心采样点距离相等的点作为样点，在每个分点上，采集 1kg 左右的土壤样品；样品经过室温自然风干、敲碎，并通过 20 目尼龙筛除掉杂物，然后用干净干燥玛瑙研钵研磨至小于 100 目，装自封袋备用。土壤样品的化验分析参照《土壤农业化学分析方法》(鲁如坤，2000 年)进行：土壤样品经过消解蒸煮后，对 As、Cd、Cr、Cu、Hg、Ni、Pb 和 Zn 的含量进行测试分析；其中 As 和 Hg 采用原子荧光光谱方法(GB 5085.3—2007)测定，Cd 和 Pb 采用石墨炉原子吸收光谱法(GB 5085.3—2007)测定，Cr、Cu、Ni 和 Zn 元素均采用火焰原子吸收光谱法(GB 5085.3—2007)测定；分析检测所用试剂均为优级纯，实验用水均为实验室自制的高纯水；分析方法的准确度和精密度按照国家一级土壤标准物质(GBW 系列)进行检验，测试结果符合《土地质量地球化学评价规范》(DZ/T 0295—2016)的要求。

4.1.3　重金属污染评价方法

数据处理及评价方法：利用 SPSS 22.0 对土壤重金属的相关性等进行分析，箱式图在 Origin 2019 中绘制，空间插值图在 ArcGIS 10.2 平台上完成。此外，选用内梅罗指数法和潜在生态风险指数法对研究区 8 种污染元素进行分析。

4.1.3.1 内梅罗指数法

计算公式为：

$$P_i = \frac{C_i}{S_i} \tag{4-1}$$

$$P_{综} = \sqrt{\frac{\left(\dfrac{1}{n}\sum_{i=1}^{n}\dfrac{C_i}{S_i}\right)^2 + \left(\dfrac{C_i}{S_i}\right)_{max}^2}{2}} \tag{4-2}$$

式中，P_i 为单个重金属的污染指数；C_i 为第 i 种重金属的实测值；S_i 为第 i 种重金属当地土壤的背景值；$P_{综}$ 为内梅罗指数[评价标准：$P_{综} \leq 0.7$ 属于安全（清洁），$0.7 < P_{综} \leq 1$ 属于警戒线（尚清洁），$1 < P_{综} \leq 2$ 属于轻污染，$2 < P_{综} \leq 3$ 属于中污染，$P_{综} > 3$ 属于重污染]。

4.1.3.2 潜在生态风险评价

计算公式为：

$$RI_r = \sum_{i=1}^{n} E_r^i = \sum_{i=1}^{n}(T_r^i \times C_r^i) = \sum_{i=1}^{n}\left(T_r^i \times \frac{c_r^i}{c_n^i}\right) \tag{4-3}$$

式中，RI_r 为 r 样点多种重金属综合的潜在生态风险综合指数；E_r^i 指 r 样点重金属 i 单项的潜在生态风险指数；T_r^i 指重金属 i 的毒性系数（$T^{Ti} = T^{Zn} = 1$；$T^{Cr} = 2$；$T^{Cu} = T^{Ni} = T^{Pb} = 5$；$T^{As} = 10$；$T^{Cd} = 30$；$T^{Hg} = 40$）；$C_r^i$ 指重金属元素 i 的污染指数，c_r^i 指 r 样点土壤重金属元素 i 的实测浓度；c_n^i 指重金属元素 i 的参比值（以该研究区所属的山西省的土壤元素背景值作为参比值）。具体分级标准见表 4-1。

表 4-1 潜在的生态风险指数与分级标准

等级	单个重金属生态危险指数 E_r^i	生态风险等级	多种重金属生态危险指数 RI_r	生态风险等级
I	$E_r^i < 40$	低生态风险	$RI_r < 150$	低生态风险
II	$40 \leq E_r^i < 80$	中等生态风险	$150 \leq RI_r < 300$	中等生态风险
III	$80 \leq E_r^i < 160$	较高生态风险	$300 \leq RI_r < 600$	较高生态风险
IV	$160 \leq E_r^i < 320$	高生态风险	$RI_r \geq 600$	极高生态风险
V	$E_r^i \geq 320$	极高生态风险	—	

4.2 结果与讨论

4.2.1 土壤重金属含量特征

研究区域土壤中元素含量统计结果如表 4-2 和图 4-2 所示。从表 4-2 可以看出，以山西省土壤背景值为参照，除 Cr 以外，其余 7 种重金属元素的平均含量都超过了当地背景值。其中 As、Cd、Pb 超标率[超标样点数占总采样点（46个）的百分比]最高，达到 100%；Cr、Cu 的超标率较轻，不足 50%。以风险筛选值[参照《土壤环境质量农用地土壤污染风险管控标准（试行）》（GB 15618—2018）之规定]为参照，只有 As 超标率为 4.35%，其余 7 种元素均没有超过风险筛选值。

表 4-2　研究区域土壤中的重金属的含量统计

元素	最小值	最大值	平均值	标准差	变异系数/%	背景值	超标率/%	风险筛选值	超标率/%
As	13.70	25.60	19.63	3.62	18.43	9.80	100	25.00	4.35
Cd	0.26	0.50	0.36	0.05	12.78	0.13	100	0.60	0
Cr	42.80	74.10	61.60	6.33	10.28	61.80	45.66	250.00	0
Cu	22.40	42.40	27.55	3.72	13.49	26.90	50.00	100.00	0
Hg	0.01	0.25	0.05	0.05	100	0.03	65.22	3.40	0
Ni	24.80	37.90	33.61	2.84	8.46	32.00	71.74	190.00	0
Pb	19.00	29.50	23.61	2.69	11.39	15.80	100	170.00	0
Zn	60.60	135.00	83.83	13.80	16.46	75.50	80.43	300.00	0

变异系数（CV）是标准差与平均值之比，衡量各样点测量值得变异程度。$CV<10\%$ 为弱变异，$10\% \leqslant CV<100\%$ 为中等强度变异，$CV \geqslant 100\%$ 为强变异。从表 4-2 中的数据可看出，研究区 Hg 的变异系数最大，约为 100%，属于强变异，这初步可以推断 Hg 含量的空间差异较大，很有可能存在多个污染源；As、Cd、Cr、Cu、Ni、Pb 和 Zn 七种元素的变异系数都相对较小，分别为 18.43、12.78、10.28、13.49、8.46、11.39 和 16.46，几乎都为中等强度变异。从整体的数据上可以推断，该研究区土壤重金属的含量不仅仅受其本身影响，还有可能受到该区域化工厂中工业活动的侵蚀，具体情况还需要通过相关性的分析来进行深入验证。

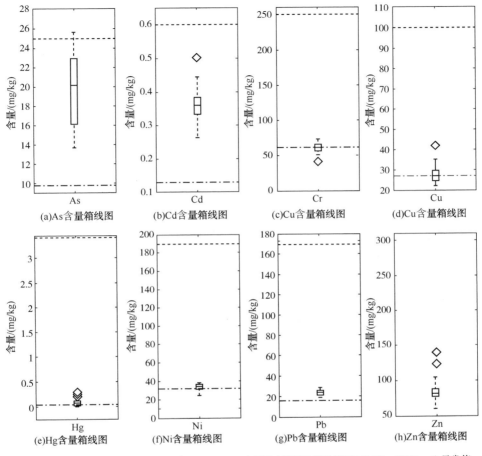

———山西省土壤环境背景值；- - - - - - 农用地土壤风险筛选值(GB15618—2018)；◇异常值

图4-2　采样点土壤重金属含量分布箱线图

4.2.2　土壤重金属的相关性

通过 SPSS 软件对 8 种重金属元素进行了皮尔逊(Pearson)相关性分析，结果见表4-3。

表4-3　研究区农田表层土壤中不同元素间相关性

元素	As	Cd	Cr	Cu	Hg	Ni	Pb	Zn
As	1							
Cd	0.311*	1						

元素	As	Cd	Cr	Cu	Hg	Ni	Pb	Zn
Cr	-0.504**	-0.136	1					
Cu	-0.219	-0.054	0.760**	1				
Hg	0.150	0.015	0.012	00.252	1			
Ni	-0.220	0.069	0.838**	0.730**	0.045	1		
Pb	0.215	0.227	0.307*	0.596**	0.299*	0.415**	1	
Zn	0.215	-0.061	0.160	0.483**	0.156	0.396**	0.621**	1

注：* 表示 $p<0.05$ 上显著，** 表示 $p<0.01$ 上显著。

表4-3 的结果表明，化工厂周边农田土壤中的 As 与 Cr 的相关系数为 -0.504，为极显著负相关；Cr 与 Cu、Ni，Cu 与 Ni、Pb、Zn，Ni 与 Pb、Zn，Pb 与 Zn 的相关系数分别为 0.760、0.838、0.730、0.596、0.483、0.415、0.396、0.621，为极显著正相关，可以推断这些重金属元素之间的关系密不可分，也可以推测其同源性较高，即其中一种元素含量的变化会引起其他元素在土壤中相应的变化；As 与 Cd、Cr 与 Pb、Hg 与 Pb 的相关系数分别为 0.311、0.307、0.299，属于显著正相关，可说明这几种重金属元素两两之间的关系比较紧密，亦可推断其同源性较高；而其他各重金属元素之间没有明显的相关性，由此可推测这些重金属的来源差异性比较显著。

4.2.3 土壤表层重金属的空间分布

运用反距离法对所测得的重金属含量进行空间插值，得到 8 种重金属的空间分布图，如图4-3 所示。由于各重金属元素的含量差别较大，所以主要依据各元素的污染程度进行分级标准划分。整体上看图4-3，研究区域各种土壤重金属空间分布格局特征为：分布斑块大，分布规律也比较显著。土壤 As 元素含量分布呈现东部、东北部和西部、西北部高，南部低的趋势，但是化工厂及其周边很低；土壤 Cd 元素含量分布呈现西南部高、周边低的趋势；Cr 元素含量沿化工厂从西北到东南部分对角线逐渐增高，其余地方低；Cu、Hg 和 Zn 元素的分布很相似，再结合表4-3 相关性的分析结果，可初步断定研究区这 3 种重金属存在同源性；Ni 的含量分布在化工厂周边，南部和西南部较高；Pb 元素的含量主要分布在化工厂的西南和南部。总之，受化工厂的燃煤及排放的少量粉尘影响，造成 As、Cd、Cr、Ni 和 Pb 元素含量局部的高值区，这种结果应该引起相关部门的重视。

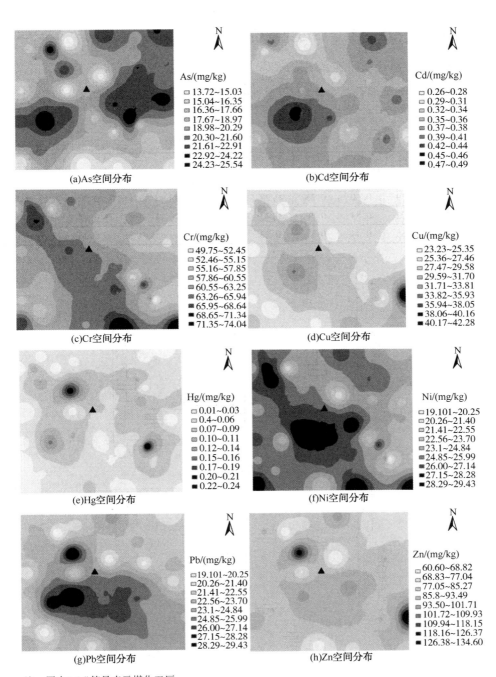

N

As/(mg/kg)
□ 13.72~15.03
□ 15.04~16.35
□ 16.36~17.66
□ 17.67~18.97
□ 18.98~20.29
■ 20.30~21.60
■ 21.61~22.91
■ 22.92~24.22
■ 24.23~25.54

(a)As空间分布

N

Cd/(mg/kg)
□ 0.26~0.28
□ 0.29~0.31
□ 0.32~0.34
□ 0.35~0.36
□ 0.37~0.38
■ 0.39~0.41
■ 0.42~0.44
■ 0.45~0.46
■ 0.47~0.49

(b)Cd空间分布

N

Cr/(mg/kg)
□ 49.75~52.45
□ 52.46~55.15
□ 55.16~57.85
□ 57.86~60.55
□ 60.55~63.25
■ 63.26~65.94
■ 65.95~68.64
■ 68.65~71.34
■ 71.35~74.04

(c)Cr空间分布

N

Cu/(mg/kg)
□ 23.23~25.35
□ 25.36~27.46
□ 27.47~29.58
□ 29.59~31.70
□ 31.71~33.81
■ 33.82~35.93
■ 35.94~38.05
■ 38.06~40.16
■ 40.17~42.28

(d)Cu空间分布

N

Hg/(mg/kg)
□ 0.01~0.03
□ 0.4~0.06
□ 0.07~0.09
□ 0.10~0.11
□ 0.12~0.14
■ 0.15~0.16
■ 0.17~0.19
■ 0.20~0.21
■ 0.22~0.24

(e)Hg空间分布

N

Ni/(mg/kg)
□ 19.101~20.25
□ 20.26~21.40
□ 21.41~22.55
□ 22.56~23.70
□ 23.1~24.84
■ 24.85~25.99
■ 26.00~27.14
■ 27.15~28.28
■ 28.29~29.43

(f)Ni空间分布

N

Pb/(mg/kg)
□ 19.101~20.25
□ 20.26~21.40
□ 21.41~22.55
□ 22.56~23.70
□ 23.1~24.84
■ 24.85~25.99
■ 26.00~27.14
■ 27.15~28.28
■ 28.29~29.43

(g)Pb空间分布

N

Zn/(mg/kg)
□ 60.60~68.82
□ 68.83~77.04
□ 77.05~85.27
□ 85.8~93.49
□ 93.50~101.71
■ 101.72~109.93
■ 109.94~118.15
■ 118.16~126.37
■ 126.38~134.60

(h)Zn空间分布

注：图中"▲"符号表示煤化工厂。

图4-3　研究区域土壤重金属含量的空间分布

4.2.4 土壤中重金属污染评价

4.2.4.1 内罗梅指数评价

研究区域土壤综合污染指数采用内梅罗综合污染指数法进行计算统计，其结果见表4-4和图4-4。

表4-4 土壤重金属内梅罗指数

统计值	P_i								$P_{综}$
	As	Cd	Cr	Cu	Hg	Ni	Pb	Zn	
平均值	0.79	0.60	0.25	0.28	1.82	0.18	0.14	0.28	2.46
最大值	1.02	0.84	0.30	0.42	8.17	0.20	0.17	0.45	6
最小值	0.55	0.44	0.17	0.22	0.23	0.13	0.11	0.20	1.66

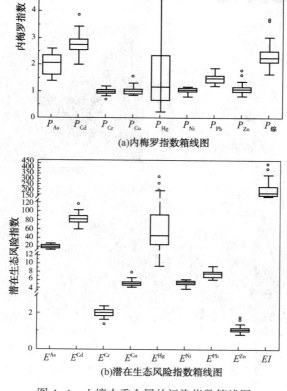

(a)内梅罗指数箱线图

(b)潜在生态风险指数箱线图

图4-4 土壤中重金属的污染指数箱线图

从表 4-4 和图 4-4 中可以看出：以 GB 15618—2018 风险筛选值为限值，综合污染指数 $P_综$ 的最大值、平均值和最小值分别是 6、2.46 和 1.66，最大值大于 3，属于重污染，平均值属于中污染，最小值属于轻污染；除 Hg 的最大值和平均值外，其余 7 种重金属的污染指数值均小于 1，而 Hg 的 P_i 最大值、平均值和最小值分别是 8.17、1.82 和 0.23，其最大值和平均值大于 1，证明该地区的污染主要是由 Hg 元素的超标造成的。进一步推断研究区域土壤的重金属已经积累到了一定的程度，若不进行控制或改善的话，不断累积将有可能影响到土壤的生物生长和人类的健康生存。

4.2.4.2　潜在生态风险评价

研究区域土壤中重金属元素的潜在生态风险指数和生态风险等级所占有的频率的结果，见表 4-5。

表 4-5　土壤中重金属的潜在生态风险指数的计算结果

统计值	E_r^i								RI
	As	Cd	Cr	Cu	Hg	Ni	Pb	Zn	
平均值	20.03	83.15	1.99	5.12	72.96	5.25	7.47	1.11	197.08
最大值	26.12	116.08	2.40	7.88	326.67	5.92	9.34	1.79	446.92
最小值	13.98	60.46	1.39	4.16	9.33	3.88	6.01	0.82	126.40

对比表 4-1，从表 4-5 中的数据可以看出，单个重金属生态危险指数 As、Cr、Cu、Ni、Pb 和 Zn 六种元素生态风险指数的平均值、最大值和最小值都在低风险Ⅰ等级；Cd 的平均值和最大值分别为 83.15 和 116.08，属于较高生态风险Ⅲ等级，最小值 60.46 属于中等生态风险Ⅱ等级；Hg 的平均值、最大值和最小值分别为 72.96、326.67 和 9.33，分别与表 4-1 中等生态风险Ⅱ等级、极高生态风险Ⅴ等级和低生态风险Ⅰ等级相对应；多种重金属生态危险指数 RI 的平均值、最大值和最小值分别为 197.08、446.92 和 126.40，分别对应于中等生态风险Ⅱ等级、较高生态风险Ⅲ等级和低生态风险Ⅰ等级。由多种重金属生态危险平均指数高，推断该地区的污染可能是由 Cd 和 Hg 的超标造成的，而该结果与 Wei 等和陈文轩等的研究结果是相似的。

表 4-6 中，中等风险等级占有频率 Cd 和 Hg 分别为 34.78 和 21.74%，较强风险等级占有频率分别为 65.22% 和 28.26%，高风险和极高风险等级占有频率仅有 Hg 存在。这个结果充分说明该化工厂区域处于 Cd 和 Hg 金属污染和潜在生态危害的敏感区域。因为潜在生态风险指数是基于该研究区所属的山西省的土壤元

素背景值作为参比值而得出的，说明化工厂的生产过程会导致部分重金属元素进入土壤并且在靠近厂区的农田中的重金属污染较为严重。

表 4-6　潜在的生态风险等级所占有的频率值

统计值		风险等级				
		低	中等	较强	高	极高
E_r^i	As	100	0	0	0	0
	Cd	0	34.78	65.22	0	0
	Cr	100	0	0	0	0
	Cu	100	0	0	0	0
	Hg	41.3	21.74	28.26	6.52	2.17
	Ni	100	0	0	0	0
	Pb	100	0	0	0	0
	Zn	100	0	0	0	0
RI		32.61	58.70	—	8.70	0

4.2.5　污染指数空间的分布

重金属污染指数空间分布图如图 4-5 所示，内梅罗指数与潜在生态风险指数图上的污染空间比较相近。整体上看，与重金属含量空间分布上均呈现出明显的带状分布（As 和 Cd 除外），且基本上遵循东南、西北方向分布较高的规律，而以化工厂为中心的土壤重金属含量分布明显低于周边土地。这是因为该厂所属区域深处大陆内部，盛行东南风和西北风，太平洋水汽无法深入，降水量少，表层土壤本身含水量比较少；再加上该区域蒸发作用比较强烈，重金属污染物在进入环境后会随着水和空气的流动而发生释放、迁移、扩散等现象。因此，囊括在大气-土壤的体系中的整个研究区，在工业生产活动中生产的带有毒性的 Cu、Cr、Zn 重金属元素，可能会在工业生产和蒸发过程中受到大气盛行风的影响，传播路径可能会从表层土壤之间的迁移转为从大气层到土壤层之间的单向循环；而潜在风险最高的重金属元素 Cd 和 Hg 既可以随着降雨形成的径流在土壤表层甚至深层淋溶，也可以通过地表土壤蒸发过程与表层土壤之间进行传输扩散，这时重金属的迁移、传输途径有可能是大气和土壤彼此双向循环过程。也就是说，气候条件对研究区土壤重金属的空间分布规律有很大的影响作用，而重金属的迁移扩散等过程极易导致土壤重金属污染由点源污染向面源污染甚至更大范围延伸扩散。

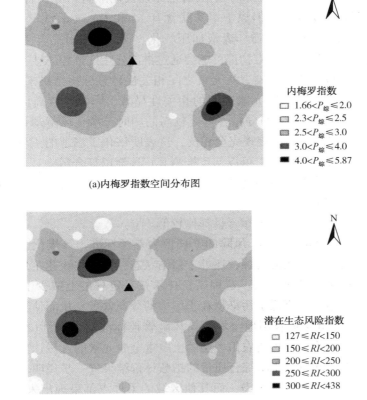

内梅罗指数
□ $1.66<P_{综}≤2.0$
▨ $2.3<P_{综}≤2.5$
▨ $2.5<P_{综}≤3.0$
■ $3.0<P_{综}≤4.0$
■ $4.0<P_{综}≤5.87$

(a)内梅罗指数空间分布图

潜在生态风险指数
□ $127≤RI<150$
▨ $150≤RI<200$
▨ $200≤RI<250$
■ $250≤RI<300$
■ $300≤RI<438$

(b)潜在生态风险指数空间分布图

图4-5　土壤中的重金属污染的指数空间的分布图

4.3　结论与建议

　　煤化工厂土壤是一个受多种因素叠加影响的生态系统，对化工厂的土壤污染进行风险评价需要从多角度、多途径、多因素方面进行综合考虑。本章以山西省某煤化工厂周边土壤为研究对象，在区域内采集46个土样，通过内梅罗指数法和潜在生态风险指数法对该工厂周边农田土壤重金属从元素含量特征、元素之间的相关性和空间分布三方面进行了较为细致的研究和分析，并对其污染状况的生态风险做了初步评估，具体结果如下：

（1）本研究区域的土壤样品中有 8 种元素的含量均在 GB 15618—2018 风险筛选值可控范围内，但样品元素含量几乎都高于山西省土壤的背景值；这与该工厂常年以煤为原料生产硝基肥料、硝酸磷产品以及硝酸磷钾等复合肥密切相关，尽管选择的都是优质煤炭，但煤中本身就含有 As 和 Hg、Cd、Cu、Ni、Zn 等重金属，原料运输过程中的漏撒、煤炭加压气化、催化剂催化等生产过程以及废水、废渣等排放过程中，污染物都可能会通过淋滤作用逐渐渗入土壤，给化工厂及其周围土壤造成一定的污染。从元素之间相关性计算分析结果来看，As、Cd、Cr、Cu、Hg、Ni、Pb 和 Zn 元素之间的相关性显著，同源性较高而且复杂多样化。例如，土壤样品中 Zn 的分布含量比较高的同时，潜在风险却最低，而重金属元素 Hg 和 Cd 却与 Zn 的表现完全相反，这表明该化工场地的土壤污染并不是由单一的重金属元素导致的，可以初步推测其正逐渐以复合污染且聚集的形式表现出来。最后，从空间的分布特征情况来看，土壤中 As、Cd、Cr、Ni 和 Pb 元素的空间分布特征明显且集中在化工厂周围，而土壤中 Cu、Hg 和 Zn 三种元素在空间分布上十分相似，整体分布含量都比较低。

（2）按照 GB 15618—2018 风险的筛选值为参考标准，该煤化工厂周边的农田土壤暂时未受到重金属的侵蚀，还处于清洁状态，可能与该化工厂在生产工程中采用的冷结晶生产技术有关。这种高新技术在一定程度上减少了原料（煤）燃烧过程中粉尘的排放，降低了污染物在土壤中的分布含量，从而使土壤中重金属含量低于《土壤环境质量农用地土壤污染风险管控标准》；如果以本地土壤环境背景值为参照，该化工厂周边农田表层的土壤重金属元素的含量达到了中度累积的污染程度。与此同时，土壤综合质量的指数评价结果进一步说明，化工厂西北和东南的采样点仅属于轻度污染，而其他区域的采样点都呈现出未受污染状态。目前来说，潜在生态危害水平较低但有增高的趋势。

（3）研究区土壤中 8 种重金属空间分布规律不同，应该与工厂生产活动和当地的气候条件有着直接的关系。整个研究区域囊括在大气-土壤的体系中，重金属元素 Cu、Cr、Zn 的迁移、传播路径很有可能是从大气到土壤的单向循环过程；而元素 Cd 和 Hg 的迁移、传输途径有可能是大气和土壤彼此双向循环过程。

鉴于上述对土壤重金属的元素含量特征、元素之间的相关性和空间分布规律的分析结果，对该化工厂周边土地进行风险管理和精准治理迫在眉睫。尽管目前对重金属污染土壤的修复方法多种多样，但实践表明，土壤污染中的重金属元素的分布特征、污染来源、富集程度和传输途径等因受到自然环境和人为干扰的双重影响而具有复杂性。因此，大面积推广应用于土壤修复的多数方法在经济和技术方面仍面临巨大挑战。针对重金属污染的精准防控，必须做到：从污染源头进行实时全面的监控，争取从根源上切断土壤污染的发展演化；对化工厂周边土地进行风险管理，建立数学模型，通过指数污染法实时评价土地污染风险，将土壤污染风险进行量化；及时向管理部门反馈本区域的土地污染状况，从而对区域重金属污染进行有效预警和防治；不断提高化工生产的效率，减少生产过程中的污染排放；提高土壤污染修复治理的科学技术水平，增强修复效率。

第5章 燃煤工业区不同土地利用类型土壤汞含量污染评价

黄土高原是我国具有经济和生态双重脆弱性的内陆欠发达地区，但同时是我国大型煤炭基地的集中区。在煤炭开采及矿石冶炼过程中，部分汞元素会伴随尾矿废渣、冶炼废水和废气等通过大气降尘和地表径流等途径进入土壤。汞在土壤环境中具有毒害作用强、累积性显著和生物富集性明显等特点，进入土壤中的汞会通过吸附、沉淀和络合等环境过程形成不同的赋存形态，通过各层级食物链富集进入生物体内，对人类健康存在潜在危害，被列为优先控制的环境污染物。

针对土壤重金属污染风险评价，现有研究大多集中在中小尺度下的矿山及周边区、城市表层土壤、污灌区、有色金属冶炼区和河流底泥等具有明确污染来源和单一土地利用类型的区域，而对于黄土高原生态敏感脆弱区的土壤重金属污染研究较少，尤其对于该区域土壤重金属汞污染缺乏系统化评价研究。另外，人类活动引起的土地利用方式的变化对土壤中重金属元素的赋存特征具有一定的影响，不同土地利用类型中土壤重金属具有较强的空间分异性特征。基于土壤理化性质、土壤养分和土壤基质等多源环境因子可以评估不同土地利用类型下土壤重金属污染的污染分布和空间变异特征。

鉴于目前针对黄土高原生态敏感脆弱区尚未开展不同土地利用类型下土壤汞污染评价的系统研究，本章以地处黄土高原中北部的山西省忻州市西部7县为研究区域，该区域是山西省重要的煤炭生产和能源重化工中心，区域内燃煤企业众多，具有大分散和小聚集的分布特征，多年来的工业生产活动对区域内不同土地利用类型下的土壤产生了不同程度的汞污染。本章拟开展该区域不同土地利用类型下土壤汞污染评价研究，揭示土壤汞污染特征、风险程度、空间分布规律和影响因素，以期为该区域及黄土高原类似区域土壤汞污染风险管控和修复治理提供科学依据。

5.1 燃煤工业区汞排放及土壤汞污染

自1934年Stock和Cucuel第一次从德国原煤和煤烟尘中测出汞，有关煤中汞的赋存形态及燃烧后的释放行为就受到广泛关注。全国煤中汞含量多数处于

0.01mg/kg 和 1.0mg/kg 之间，算术平均值为 0.15mg/kg。不同类型煤中汞分布差异较大，一般瘦煤>褐煤>焦煤>无烟煤>气煤>长焰煤。煤炭中的汞通过煤的开采和利用从地下相对封闭的环境进入地表开放的环境，进行重新分布并产生污染效应。煤中重金属元素进入土壤主要通过 3 个途径：第一，含煤或煤矸石粉尘在风力作用下迁移至表层土壤，再经过淋溶渗滤进入土壤；第二，煤及煤矸石在堆放过程中，部分重金属受降雨冲刷和淋溶作用经地表径流进入土壤；第三，部分重金属随煤炭加工利用过程产生的烟气、废渣等进入土壤。

5.1.1　煤炭开采及洗选

含煤或煤矸石的粉尘主要集中在煤炭开采、洗选及煤炭运输线路周边区域，煤及煤矸石的堆存主要分布在煤矿周边区域。目前，国内外学者对上述区域土壤重金属污染及其人体健康风险评价均已开展广泛研究。刘桂建等研究了山东兖州矿区煤矸石中的汞含量高达 $1.86\mu g/g$，约为煤中汞含量 $0.98\mu g/g$ 的两倍。煤矸石与原煤的淋溶（滤）液中也含有很高浓度的汞。冯启言等研究了矸石淋溶液中的汞含量超出Ⅳ类、Ⅴ类地面水体质量标准的 30 倍以上。阿布都艾尼·阿不里等对煤矸石堆场周围土壤中汞的污染特征研究表明，长期受降雨冲刷和淋溶作用，煤矸石堆场周边土壤中汞含量超过当地土壤背景值，且均达到重度污染状态。王心义等通过煤矸石室内淋溶模拟试验表明，煤矸石中重金属淋出具有长期性。

5.1.2　燃煤企业

煤炭燃烧作为其最主要的利用方式，使得煤中重金属随燃煤过程的迁移转化以及对燃煤区土壤的影响，成为清洁燃煤的研究热点。国外学者对燃煤中重金属的迁移转化进行较早，如 Seams 对燃煤烟尘中细粒飞灰颗粒中微量元素的分布特性进行了研究；Querol 等、Eary 等均研究了燃煤过程中有害微量元素的迁移转化及其对环境的影响；Swaine 重点研究了燃煤烟气中汞对燃煤区环境的影响。近年来，我国学者相关课题的研究也取得长足进展。范明毅等研究了山区燃煤电厂周边土壤重金属的污染状况，结果表明，电厂土壤受到不同程度的重金属污染，其中 As、Hg、Cu、Zn 和 Pb 含量平均值均高于当地土壤背景值。

燃煤企业周边土壤的汞含量受到多方面因素的影响，当地的自然环境，比如风向风速和降水情况都会影响大气中的汞含量，特别是人类的工业生产活动会加速汞元素的活动与传播。大气的水平活动和其他形式的扩散运动都会干扰汞元素以及其他污染物质的转化，在很大程度上影响了生态系统的自然循环。汞元素在大气中停留的时间越长，越容易与颗粒物质相结合造成沉降。大气的温度高低、臭氧浓度的情况和气溶胶的水平都会影响沉降效应。除了降雨量的变化，另外一个有毒污染物扩散的影响因素就是风，包括风速和风向，这项因素可以决定燃煤企业周边土壤中的汞含量在空间上的分布情况，并对汞含量的浓度起重要作用。风速可以主导大气中的汞元素在活动中的扩散速度，风向能够主导大气中的汞元素沉降在哪个区域。处于燃煤企业下风向的土壤样品中被测量出的汞含量相较于其他地方的土壤汞含量要高，大气活动提供的扩散功能和干湿沉降让土壤聚集了大量的汞，地表土壤中的汞含量高低在很大程度上取决于主导风向的位置。

土壤中的汞含量高低还受大气活动中的化学反应影响，比如温度和降雨情况。当温度升高时，大气中的臭氧含量会高于平均水平，这样较易与酸性物质发生化学反应，影响大气中汞含量的浓度。同时，温度还会决定大气活动中云层的物理反应情况，夏季的降水中测试到的汞含量会比冬季降水时测试到的数值高许多。这说明大气中的可溶性胶态与温度高低有很大关系，温度越高，土壤中的湿沉降量越大，因为高温会加速气溶胶的转化过程，光化学反应越强烈。降水量对土壤中的汞含量湿沉降也有重要影响，潮湿高温的环境容易让气溶胶表面产生吸附作用，并与汞发生化学反应，低温干燥的自然环境让气溶胶不容易发生吸附。

地表植物的覆盖情况会对土壤中的汞含量高低起重要作用。按照不同用途类型进行分类的土地，其汞含量的空间分布情况也不同。如果土壤表面的植被是以高大的乔木或灌木为主，那么树叶容易吸附大气中的汞元素，在干沉降的过程中，叶片会通过气孔吸收汞元素。森林中具有较多的高大灌木丛，这导致森林中的土壤能够接收到的紫外线会比耕地中的少，会降低汞元素的光致还原作用效率，土壤中的汞元素无法及时向外排出，因此森林中的土壤含汞量会比耕地里的汞含量高出许多。燃煤企业周边的土壤含汞量在垂直的分布情况上有很大差异，当地的农业耕作习惯和施肥方式在某种程度上会与含汞量存在一定关系，土壤的理化性质也与汞含量的空间分布情况有关。大气中汞元素通过扩散运动以及干湿沉降后会存在于土壤之中，再经过降水和其他环境因素的侵蚀，汞元素会发生形态上的转变和空间分布上的变化，这样也会改变土壤中的汞含量。

5.2　研究区概况

研究区位于黄土高原中北部，地处我国晋陕蒙著名的"煤三角"地带，辖偏关、神池、河曲、五寨、保德、岢岚和宁武等7县，面积为10815km²。境内煤炭资源丰富，赋存条件优越，依托丰富的资源优势，形成煤炭开采、燃煤电力和煤化工等重要的支柱产业，煤炭工业集中分布在河曲—偏关—神池和岢岚—宁武的交汇地区。区域内整体地势东南向西倾斜，高程介于780~2783m，地貌以黄土丘陵为主，属温带大陆性季风气候，年均气温4.3~8.8℃，年降水量345~770mm。

5.3 材料与方法

5.3.1 样品采集与化验分析

选取燃煤工业区周边耕地、草地、林地和居住用地这4种土地利用类型，结合研究区本底特征，综合考量土地利用、地块面积和地形地势等情况，采用梅花法布设采样点位，共采集111个土壤样品，其中耕地44个、草地39个、林地21个和居住用地7个，样点分布如图5-1所示。

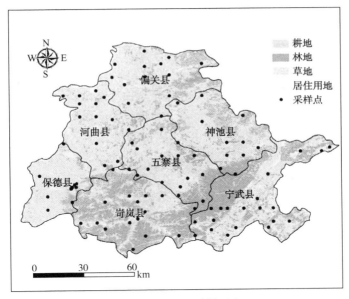

图5-1 研究区采样示意

采用五分点取样，在每个分点上，使用便携式原状不锈钢取土钻采集1个样品（0~20cm），然后将各分点样品等重量混匀后用四分法弃取，保留1kg风干土壤的土样。全汞采用日立Za-3000型仪器，按照《土壤和沉积物 总汞的测定 催化热解—冷原子吸收分光光度法》（HJ 923）进行测定，检出限为0.2μg/kg；锰元素采用火焰原子吸收分光光度法进行测定，具体方法参照BS 7755-3.13—1998（英国标准学会）。

101

5.3.2 数据处理及评价方法

采用多元统计分析、地累积指数法和潜在生态风险指数法对研究区汞污染现状进行分析，采用健康风险模型进行人体健康风险表征，采用地理探测器进行因子探测和交互探测分析，采用富集因子分析、普通克里金插值对汞进行空间分布分析。利用 SPSS 22.0 进行数据统计和分析，利用 Arcgis 10.2 进行制图。

5.3.2.1 地累积指数法

地累积指数法主要用于研究环境中重金属污染程度的定量指标，其计算公式如下：

$$I_{geo} = \log_2(C_i / K \cdot B_i) \tag{5-1}$$

式中，I_{geo} 为地累积指数；C_i 为各重金属元素在土壤中的含量；B_i 为土壤中该元素的地球化学背景值；K 为成岩作用引起的背景值变动系数（一般 $K=1.5$）。当 $I_{geo} \leq 0$ 时，无污染；$0 < I_{geo} \leq 1$ 时，无-中度污染；$1 < I_{geo} \leq 2$ 时，中度污染；$2 < I_{geo} \leq 3$ 时，中-强度污染；$3 < I_{geo} \leq 4$ 时，强度污染；$4 < I_{geo} \leq 5$ 时，强-极强污染；$I_{geo} > 5$ 时，极强污染。

5.3.2.2 潜在生态危害指数法

潜在生态危害指数法是国际上分析土壤重金属生态风险的重要方法之一，能够结合环境化学、生物毒理学和生态学等多学科进行污染程度的量化，以定量的方法划分出重金属潜在危害的程度。单种重金属的潜在生态危害系数计算公式如下：

$$E_r^i = T_r^i \times C_f^i = T_r^i \times \frac{C_i}{S_i} \tag{5-2}$$

式中，E_r^i 为重金属 i 的潜在生态危害系数；T_r^i 为重金属 i 毒性响应系数；Hg 的毒性系数为 40；C_i 和 S_i 分别为重金属 i 的实测浓度和评价参比值。当 $E_r^i < 40$ 时，生态风险程度为低风险；$40 \leq E_r^i < 80$ 时，中等风险；$80 \leq E_r^i < 160$ 时，较高风险；$160 \leq E_r^i < 320$ 时，高风险；$E_r^i \geq 320$ 时，极高风险。

5.3.2.3 健康风险表征

重金属的人体健康风险主要受污染物毒理特性和人体暴露途径等因素影响，参照 USEPA 提出的土壤健康风险模型，结合剂量-反应关系和不同暴露途径对研究区附近的人群进行人体健康风险评价，评价主要分为暴露计量计算和健康风险表征两个部分。暴露量及健康风险表征计算公式如下：

$$ADD_{iing} = C_i \times \frac{IngR \times EF \times ED}{BW \times AT} \times 10^{-6} \tag{5-3}$$

$$ADD_{iinh} = C_i \times \frac{InhR \times EF \times ED}{PEF \times BW \times AT} \tag{5-4}$$

$$ADD_{idrem} = C_i \times \frac{SA \times SL \times ABS \times EF \times ED}{BW \times AT} \times 10^{-6} \qquad (5-5)$$

$$HQ = \frac{ADD}{RfD} \qquad (5-6)$$

式中，ADD_{iing}、ADD_{iinh} 和 ADD_{idrem} 分别为手-口摄入、呼吸吸入和皮肤接触摄入重金属 i 的日均暴露计量；C_i 为土壤中重金属 i 含量；HQ 为某种重金属在某一途径的非致癌健康风险指数；ADD 为某种重金属在此途径下的非致癌风险量；RfD 为某种重金属在该途径下的非致癌日均摄入量。

5.3.2.4 地理探测器

1）因变量和自变量应用统计

表 5-1 统计了基于地理探测的土壤重金属影响因子分析中的因变量和自变量，按照变量属性将自变量划分为地形地貌、成土、土壤性质、社会、利用方式、距离、气候和其他因子。整体上使用频率最高的自变量是距工厂距离，其次是土地利用类型，高程-海拔、土壤类型、pH 值和距道路距离的频率都较高。地形因子中，高程-海拔和坡度的频率最高；成土因子中，土壤类型和土壤质地的频率最高；土壤性质因子中，pH 值、土壤养分（如 TN、TK 和 TP 等）和有机质-碳应用频率最高；社会因子中，常用的是 GDP、人口、道路密度和化肥用量；利用方式因子中，土地利用类型是最常用的自变量；距离因子中，距工厂、道路和河流的距离是 3 个最常用的自变量因子；气象因子中，气温和降水量使用频率最高。地层、地理区划、坡位、重金属生物可利用性等 23 种自变量仅被少数作者使用，可能由于这些自变量数据相对较难获取。不同的研究考虑的自变量数量也各不相同，如刘霈珈等讨论了 23 个自变量对太湖流域典型农用地表层土壤重金属分布特征研究的影响，有的文献仅评价了 4 个自变量对因变量的影响作用。

表 5-1 基于地理探测的土壤重金属影响因子分析中因变量和自变量统计

变量		影响因子
自变量 X	地形地貌	海拔、坡度、坡向、地形起伏度、地形湿度指数、地形部位指数、地势三大阶梯、坡度变率、坡向变率、地形部位、地貌、坡位和流域
	成土	地层、土类、土壤质地、成土母质、岩层类型、地质类型、岩性、地质年代、土壤侵蚀、地貌类型、土壤亚类和土属
	土壤性质	植被覆盖指数、碳酸钙、有效硅、有效硼、pH 值、植被类型、砂土含量、As 含量、黏土含量、（总）有机碳（TOC）、电导率（EC）、有机质、土壤入渗率、粉砂土含量、铵根含量、总重金属含量、水溶性重金属含量、水不溶性重金属含量、全氮量、硝态氮量、全磷量、阳离子交换量（CEC）、全钾量、容重和腐殖质厚度

103

变量		影响因子
自变量 X	社会	道路密度、GDP、东中西经济划分、胡焕庸线、工业总产值、人口密度、农药使用量、夜间灯光指数、化肥施用量、工业企业密度、净初级生产力、矿产资源开采区、交通路网、绿地面积、住宅用地面积、矿产资源与数量、农业区、工业区、交通区、农村居民用地和每千人汽车数量
	利用方式	土地利用类型、地块面积和种植类型
	距离	铁路、河流、水源、道路(或公路)、工段、矿区、工业区、居民区、其他行业和农田
	气候	气温、干湿分布、降水、相对湿度、气候带类型、年均降水量、干燥度
	其他	健康风险指标、地理区划、优势种、优势种年龄、重金属含量、立地指数、土地覆盖、年沉积通量、重金属生物可利用性和潜在生态风险指数
因变量 Y		污染负荷指数、内梅罗污染指数、重金属含量、健康风险、地累积指数、潜在生态风险和主成分分析因子(PC)

因变量以土壤重金属含量为主，有研究探讨了自变量对土壤重金属的污染负荷指数、内梅罗污染指数、健康风险、潜在生态风险、地累积指数和源解析主成分因子空间分异特征的影响。以土壤重金属含量为因变量，探讨的是各土壤重金属的背景值和人类活动累加后的空间分异特征。例如，宋恒飞等研究指出，影响黑龙江省海伦市土壤 As 空间分异的主要是交通因素，Hg 的第一影响因素是水源因素，影响 Cd、Cu、Pb 和 Zn 空间分布差异的首要因素是县城活动，Cr 和 Ni 的首要影响因素分别是工矿影响和乡镇影响。污染负荷指数、内梅罗污染指数、健康风险、潜在生态风险和源解析主成分因子针对土壤重金属综合污染的空间分异特征，不具体探讨某个单一重金属。例如，肖武等对土壤重金属 Zn、Cr、Cd、Hg、Pb、As、Cu 和 Ni 的内梅罗综合指数因子探测研究表明，农用地类型对内梅罗污染指数空间分布的解释力最大。地累积指数由于扣除了背景值的掩盖作用，探讨了由人类活动引起的各重金属积累的空间分异特征。

2）地理探测器软件

GeoDetector 是根据上述原理，用 Excel 编制的地理探测器软件，使用步骤包括：

（1）数据的收集与整理：这些数据包括因变量 Y 和自变量数据 X。自变量应为类型量；如果自变量为数值量，则需要进行离散化处理。离散可以基于专家知识，也可以直接等分或使用分类算法如 K-means 等。

（2）将样本(Y, X)读入地理探测器软件，然后运行软件，结果主要包括4个部分：

比较两个区域因变量均值是否有显著差异；自变量对因变量的解释力；不同自变量对因变量的影响是否有显著的差异，以及这些自变量对因变量影响的交互作用。

地理探测器探测两变量Y和X的关系时，对于面数据（多边形数据）和点数据，有不同的处理方式。对于面数据，两变量Y和X的空间粒度经常是不同的。例如，因变量Y为疾病数据，一般以行政单元记录；环境自变量或其代理变量X的空间格局往往是遵循自然或经济社会因素而形成的，如不同水文流域、地形分区、城乡分区等。因此，为了在空间上匹配这两个变量，首先将Y均匀空间离散化，再将其与X分布叠加，从而提取每个离散点上的因变量和自变量值(Y, X)。格点密度可以根据研究的目标而提前指定。如果格点密度大，计算结果的精度就会较高，但是计算量也会较大。因此，在实际操作时须要考虑精度与效率的平衡。对于点数据，如果观测数据是通过随机抽样或系统抽样而得到的，并且样本量足够大，可以代表总体，则可以直接利用此数据在地理探测器软件中进行计算。如果样本有偏，不能代表总体，则需要用一些纠偏的方法对数据做进一步的处理之后再在地理探测器软件中进行计算。

3）选用模块及变量

地理探测器是基于空间分异理论探究变量的驱动力以及影响因子的交互作用和空间关联的一种统计学方法，目前已广泛应用于人体健康和环境污染等领域。本章利用其因子探测和交互作用探测两个模块进行分析。

因子探测的计算公式如下：

$$q = 1 - \frac{\sum_{i=1}^{L} N_i \sigma_i^2}{N \sigma^2} \tag{5-7}$$

式中，L为因子X的分层；N_i和N分别为层i和土壤点位数；σ_i^2和σ^2分别为层i和土壤 Hg 含量的方差。解释力q介于$[0, 1]$；q值越大，表明因子X对土壤 Hg 含量的解释力越强。

交互作用探测器是探测双因子交互作用对土壤 Hg 含量的解释力，类型为：①双因子增强，$Q(XA \cap XB) > \max[Q(XA), Q(XB)]$；②非线性增强，$Q(XA \cap XB) > Q(XA) + Q(XB)$；③相互独立，$Q(XA \cap XB) = Q(XA) + Q(XB)$；④非线性减弱，$Q(XA \cap XB) < \min[Q(XA), Q(XB)]$；⑤单因子非线性减弱，$\min[Q(XA), Q(XB)] < Q(XA \cap XB) < \max[Q(XA), Q(XB)]$。

使用 GeoDetector 前需对研究区进行格点化处理，划分 5km×5km 的网格，取网格中心点，用中心点对影响因子进行离散化处理。然后将所有格点所在位置的自变量及因变量提取作为输入数据；之后对输入数据进行重分类处理，将连续变量转化为类别变量。本章对 10 项影响因子 X（X_1 为高程，X_2 为坡度，X_3 为 NDVI，X_4 为人口密度，X_5 为人均 GDP，X_6 为人均工业总产值，X_7 为人均农业总产值，X_8 为土壤盐分，X_9 为土壤有机质，X_{10} 为土壤 pH 值）进行预处理，将影响因子 X 划分为 5 层。其中，q 值为影响因子 X 对 Hg 含量变化的解释力，q 值介于 [0，1]，q 值越接近于 1，表示影响因子 X 的解释力越强。

5.3.2.5 富集因子分析

富集因子是评价人类活动对土壤中重金属富集程度影响的有效方法，参比元素应依据研究区实际情况进行选取。因 Mn 在当地含量较高且与 Hg 没有协同或拮抗作用，因此本章采用 Mn 作为参比元素，富集因子计算公式如下：

$$EF = \frac{(C_{Hg}/C_{ref})_{实测}}{(B_{Hg}/B_{ref})_{背景}} \tag{5-8}$$

式中，EF 为富集因子；C_{Hg} 为 Hg 元素的实测含量，mg/kg；C_{ref} 为参比元素 Mn 的实测含量；B_{Hg} 为 Hg 元素的背景浓度；B_{ref} 为参比元素 Mn 的背景浓度。运用 Sutherland 提出的分类方法，进行污染程度的等级 5 级划分：第 1 级，$EF<1$ 为无污染，$1<EF<2$ 为轻微污染；第 2 级，$2<EF<5$ 为中度污染；第 3 级，$5<EF<20$ 为重度污染；第 4 级，$20<EF<40$ 为严重污染；第 5 级，$40<EF$ 为极重污染。

5.4 结果与讨论

5.4.1 土壤汞含量描述性统计分析

研究区汞含量的统计分析如表 5-2 所示。耕地、草地、林地和居住用地中 $\omega(Hg)$ 范围分别为 0.09～2.43mg/kg、0.03～2.15mg/kg、0.03～1.48mg/kg 和 0.14～2.03mg/kg，均值分别为 0.48mg/kg、0.34mg/kg、0.58mg/kg 和 0.52mg/kg。汞含量的变异系数大小为：居住用地>耕地>草地>林地。其中，居住用地、耕地和草地中的汞含量变异系数相近且均表现为强变异性，林地中汞含量变异系数表现为中等变异性，表明研究区汞离散程度较高，可能受污染源分布和释放强度等人为扰动因素的影响。汞在农用地和建设用地中土壤污染风险筛选值分别为 3.4mg/kg 和 8mg/kg，耕地、草地、林地和居住用地中汞超标率均为 0，山西省土壤汞背景值为 0.03mg/kg，耕地、草地、林地和居住用地的汞均值分别为背景值的 16 倍、11.33 倍、19.33 倍和 17.33 倍，表明研究区汞存在一定程度的富集。林地的汞含量最大值（1.48mg/kg）低于耕地（2.43mg/kg）和草地（2.15mg/kg），其均值高于耕地和草地，表明林地汞含量富集较为明显。与其他 3 种土地利用方式相比，居住用地汞的变异系数最大，表明居住用地部分区域存在汞高度集聚的现象，可能是受到强烈的人为干扰因素的影响。与同类型研究区域相比，本研究区汞含量平均值要高于广东省揭阳市、山东省莱芜市和北京市顺义区等地区，表明研究区汞含量均值处于较高水平。

表 5-2　土壤表层汞含量的描述性统计特征

功能分区	最小值/（mg/kg）	最大值/（mg/kg）	均值/（mg/kg）	变异系数/%	标准差	文献
耕地	0.09	2.43	0.48	117	0.56	本研究
草地	0.03	2.15	0.34	104	0.36	
林地	0.03	1.48	0.58	64	0.37	
居住用地	0.14	2.03	0.52	121	0.63	
研究区整体	0.03	2.43	0.45	105	0.48	
广东省揭阳市	0.079					张鸣等，2020 年
山东省莱芜市	0.075					戴彬等，2014 年
北京市顺义区	0.073					韩平等，2015 年

5.4.2　土壤汞地累积指数表征

地累积指数评价结果见图 5-2，耕地、草地、林地和居住用地汞的累积指数的变化范围分别为 1~5.75、0.42~5.58、-0.58~5.04 和 1.64~5.50，耕地和草地累积指数最小值分别为 1 和 0.42，污染程度呈现为无-中度污染，可能是受到农业生产活动的影响。魏洪斌等对长江三角洲典型县域耕地土壤重金属研究发现，农业生产过程中施用含汞农药和不合理地施用化肥会造成耕地汞污染。林地最小值为 -0.58，污染程度呈现为无污染，表明林地少数样点接近于当地土壤环境背景值或受到人类活动影响较低；居住用地地累积指数最小值为 1.64，污染程度表现为中度污染，可能是受到基础设施的建设或用地类型转变过程中土壤污染的影响。4 种土地利用类型中度污染及以上样点占比分别为 97.73%、92.31%、95.24% 和 100%，强度污染以上样点占比分别为 18.18%、

7.69%、38.10%和14.29%，表明研究区汞污染风险程度较为严重。4种土地利用类型污染程度主要表现为中度-强度污染和强度污染，仅有少数样点处于极强污染的水平。

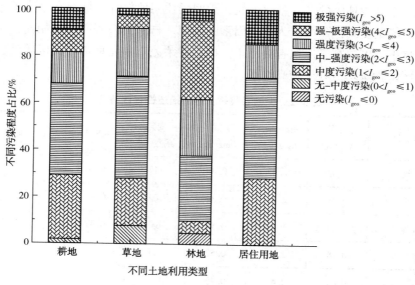

图 5-2 地累积指数结果

5.4.3 土壤汞生态及健康风险评价

E_r^i 评价结果见图 5-3，耕地、草地、林地和居住用地汞的 E_r^i 变化范围分别为 120～3240、80～2866.67、40～1973.33 和 186.67～2706.67，均值分别为 641.21、471.23、766.98 和 697.14。4 种土地利用类型 E_r^i 平均值均超过严重风险阈值，除少数林地样点处于低生态风险外，其余 3 种土地利用类型均处于中度生态风险以上，且重度生态风险及以上的样点占比分别为 95.45%、84.62%、90.48% 和 100%，表明研究区潜在生态风险程度很高。耕地、草地和居住用地中极少数样点潜在生态风险远高于严重生态风险阈值，表明局部地区可能受到重点污染企业的生产排放废弃物和交通运输影响。杨安等的研究发现，汞的严重污染可能是受到交通运输的影响。研究区所处区域以能源重化工产业为主要经济产业，煤炭开采和燃煤电力的输送过程中，大量含有汞的污染物进入土壤介质中，使得该区域潜在生态风险很高，后续应当进行生态修复及环境保护。

非致癌健康风险指数 HQ 结果如表 5-3 所示，参照式（5-3）～式（5-6）得出不同土地利用方式下 3 种暴露途径的非致癌风险指数，儿童在不同分区中手-口、呼吸和皮肤接触这 3 种途径下非致癌风险指数分布范围分别为 $1.9×10^{-2}$～$9.7×$

10^{-2}、$3.8\times10^{-7}\sim2.7\times10^{-6}$和$2.1\times10^{-4}\sim1.5\times10^{-3}$，经手–口摄入途径对非致癌总风险的贡献率远高于呼吸摄入和皮肤接触，手–口途径是儿童非致癌风险的最主要途径；成人在不同土地利用方式下手–口、呼吸和皮肤接触这3种途径下非致癌风险指数分布范围分别为$1.9\times10^{-3}\sim1.4\times10^{-2}$、$2.1\times10^{-7}\sim1.5\times10^{-6}$和$1.3\times10^{-4}\sim9.3\times10^{-4}$，与儿童一致，手–口途径也是成人非致癌风险的最主要途径。对比不同土地利用方式下汞元素对儿童和成人人体健康非致癌总风险评价指数（手–口摄入>皮肤接触>呼吸摄入），不同分区中3种暴露途径的非致癌风险指数均<1，表明研究区汞对儿童和成人均不存在非致癌健康风险，但儿童的非致癌总风险评价指数的平均值及最大值均高于成人，应当对其进行进一步的管控和防治。

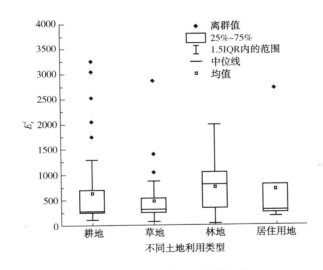

图 5-3　潜在生态危害指数结果

表 5-3　非致癌健康风险指数

| 分区 | 项目 | HQ_{ing} | | HQ_{inh} | | HQ_{drem} | | HQ | |
		儿童	成人	儿童	成人	儿童	成人	儿童	成人
耕地	最大值	9.7×10^{-2}	1.4×10^{-2}	2.7×10^{-6}	1.5×10^{-6}	1.5×10^{-3}	9.3×10^{-4}	9.9×10^{-2}	1.5×10^{-2}
	平均值	1.9×10^{-2}	2.7×10^{-3}	5.3×10^{-7}	2.9×10^{-7}	2.9×10^{-4}	1.8×10^{-4}	2.2×10^{-2}	2.8×10^{-2}
草地	最大值	8.6×10^{-2}	1.2×10^{-2}	2.4×10^{-6}	1.3×10^{-6}	1.3×10^{-3}	8.2×10^{-4}	8.7×10^{-2}	1.3×10^{-2}
	平均值	1.4×10^{-2}	1.9×10^{-3}	3.8×10^{-7}	2.1×10^{-7}	2.1×10^{-4}	1.3×10^{-4}	1.7×10^{-2}	2.2×10^{-3}

分区	项目	HQ_{ing}		HQ_{inh}		HQ_{drem}		HQ	
		儿童	成人	儿童	成人	儿童	成人	儿童	成人
林地	最大值	5.9×10^{-2}	8.3×10^{-3}	1.6×10^{-6}	8.9×10^{-7}	9.2×10^{-4}	5.6×10^{-4}	5.9×10^{-2}	8.9×10^{-3}
	平均值	1.4×10^{-2}	1.9×10^{-3}	3.8×10^{-7}	2.1×10^{-7}	2.1×10^{-4}	1.3×10^{-4}	1.7×10^{-2}	2.2×10^{-3}
居住用地	最大值	8.2×10^{-2}	1.1×10^{-2}	2.3×10^{-6}	1.2×10^{-6}	1.3×10^{-3}	7.7×10^{-4}	8.3×10^{-2}	1.2×10^{-2}
	平均值	2.1×10^{-2}	2.9×10^{-3}	5.8×10^{-7}	3.1×10^{-7}	3.2×10^{-4}	2.0×10^{-4}	2.1×10^{-2}	3.4×10^{-3}

5.4.4　不同环境因子对土壤汞的影响

基于地理探测器的研究区土壤汞的因子探测结果见图 5-4。因子探测结果显示，人均工业总产值和人均农业总产值对耕地汞含量的空间分异影响较为明显，q 值分别为 0.188 和 0.187，其次为坡度（0.157）；土壤有机质对草地汞含量的空间分异影响最大，q 值为 0.196，其次为土壤 pH 值（0.134）和高程（0.126）；土壤盐分对林地汞含量的空间分异影响最大，q 值为 0.322，其次为人口密度（0.269）和人均 GDP（0.269）；土壤盐分和土壤有机质对居住用地汞含量的空间分异影响较为明显，q 值分别为 0.627 和 0.626，其次为人口密度（0.415）。

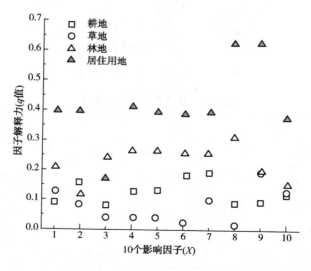

图 5-4　因子探测结果

利用交互探测器探测主导影响因子对不同功能分区的汞含量的交互作用，结果如表 5-4 所示。交互探测的结果表明，各影响因子之间以非线性增强为主，双因子增强为辅，不存在减弱或独立的作用类型。交互探测结果表明，研究区土壤汞的累积受多种因素复合影响，不同因子的复合交互作用对汞的累积和转化起着重要作用，使得汞呈现出不同的空间分布特征。综合因子探测和交互探测结果发现，耕地汞含量的空间变异性主要受到工业生产和农业生产的影响，工业生产过程中废弃物的排放、尾矿矿渣的堆积、化石燃料的不完全燃烧和汽车尾气排放以及农业生产中采用污水灌溉、地膜覆盖和化肥施用等均会加重周边耕地中汞的富集。草地汞含量主要受到土壤有机质和 pH 值的影响，土壤中的有机质可以通过对汞的吸附和络合作用来控制汞的分布，且有机质含量高的土壤更易于吸附富集汞。土壤 pH 值的变化会影响土壤颗粒物表面的吸附量，同时也会改变汞的存在形态。研究区地处黄土高原，pH 值范围为 7.46～8.98，属于弱碱性或者碱性土壤，故草地汞含量受到 pH 值的影响低于土壤有机质。林地汞含量主要受到土壤盐分的影响，土壤盐分由随机性变异控制。土壤中的 N、P 元素在微生物的作用下易产生还原反应，与土壤中的汞发生络合作用形成汞配合物，使得林地汞的含量富集较为明显。居住用地汞含量分布主要受到土壤盐分和土壤有机质的影响，生活污水和含汞工业废水的排放使得该类型土壤的理化性质及赋存状态发生改变，土壤中汞更易于富集。

表 5-4　交互作用探测结果

分区	$XA \cap XB$	$XA+XB$	结果	类型
耕地	$X6 \cap X7(0.189)$	$X6+X7=0.375$	$C > \max(X6, X7)$	双因子增强
	$X6 \cap X2(0.491)$	$X6+X2=0.345$	$C > X6+X2$	非线性增强
草地	$X9 \cap X10(0.606)$	$X9+X10=0.330$	$C > X9+X10$	非线性增强
	$X9 \cap X1(0.366)$	$X9+X1=0.322$	$C > X9+X1$	非线性增强
林地	$X8 \cap X4(0.652)$	$X8+X4=0.591$	$C > X8+X4$	非线性增强
	$X8 \cap X5(0.652)$	$X8+X5=0.591$	$C > X8+X5$	非线性增强
居住用地	$X8 \cap X9(0.629)$	$X8+X9=1.253$	$C > \max(X8, X9)$	双因子增强
	$X8 \cap X4(1)$	$X8+X4=1.042$	$C > \max(X8, X4)$	双因子增强

注：C 表示 $XA \cap XB$ 的值。

5.4.5 富集因子及空间分布特征分析

以山西省土壤汞背景值为参比值，以 Mn 为参比元素，对所有表层土壤样品汞的富集因子 *EF* 值进行计算，结果见图 5-5。研究区 ω(Mn) 背景均值为577.53mg/kg，相关变幅为458~793mg/kg。研究区土壤汞的 *EF* 均值为14.37，相关变幅为0~82.06mg/kg，其污染程度以显著污染和强烈污染为主，占比分别为64.86%和9.9%，极强污染占比为7.2%。研究区极强污染呈现出重点点源污染的分布特征，主要分布在河曲、偏关和神池的少数地区；强烈污染主要分布在河曲县的北部和东部区域、偏关县的西部和南部、神池县西部和东北区域、岢岚县的东南地区及宁武县的南部地区。

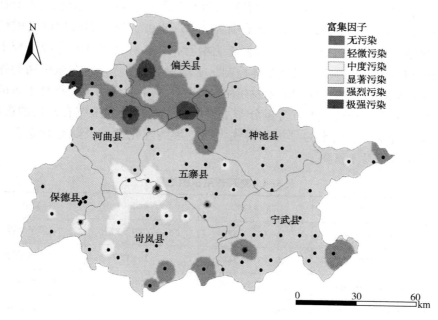

图 5-5　研究区土壤汞污染程度

通过空间变量连续插值可以更直观查看分布特征。经 K-S 检验发现，汞含量符合对数正态分布，将其数据进行对数转化后进行普通克里金插值，将插值后的栅格图根据对数转换的逆变换公式回推，将插值结果转换到原始数据，结果见图 5-6。研究区汞含量空间分布格局总体上表现为中部向南北两侧递增的趋势。根据地理位置及研究区范围内的重点企业进行分析，北部高值区及次高值区集中分布在河曲县、偏关县、五寨县和神池县的交汇地带，南部

112

高值区集中分布在宁武县与岢岚县的交汇地区，低值区集中分布在研究区的西南部。高值区主要分布在人类活动强烈的工矿区域及三废集中排放的区域，例如：偏关县南部分布有大规模的露天煤炭开采、采煤洗煤和煤化工企业，排放在环境中的汞可以通过有机高分子形成配合物或螯合物，吸附在黏土矿物表面，经不同方式污染周边土壤；河曲县的北部集中了该地区的发电和水泥制造等污染较为严重的工业企业；五寨县北部分布有大量的五金制造和塑胶制造等产业；宁武县西南部同偏关县南部相似，分布有大量的煤炭采掘及深加工企业。低值区则集中分布于人类活动较少的地区或以轻纺工业为主的区域。

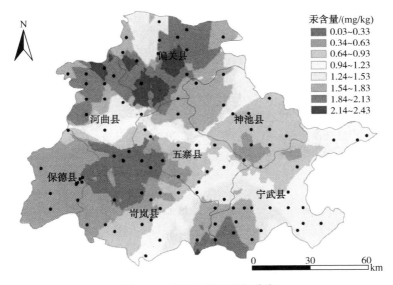

图 5-6　表层土壤汞空间分布

5.5　结论

（1）研究区耕地、草地、林地和居住用地 ω（Hg）范围分别为 0.09~2.43mg/kg、0.03~2.15mg/kg、0.03~1.48mg/kg 和 0.14~2.03mg/kg，变异系数大小为：居住用地>耕地>草地>林地。风险评价结果显示，研究区属于受汞污染较重或潜在生态危害风险较高的地区，局部区域呈现为严重污染；健康风险表征结果显示，汞对儿童和成人均不存在非致癌健康风险，儿童的非致癌总风险评价指数的平均值及最大值均高于成人。

（2）因子探测及交互作用探测结果显示：耕地汞含量的空间变异性主要受到工业生产和农业生产的影响；草地汞含量主要受到土壤有机质和 pH 值的影响；林地汞含量主要受到土壤盐分的影响；居住用地汞含量主要受到土壤盐分和有机质的影响，各影响因子之间以非线性增强为主，双因子增强为辅，不存在减弱或独立的作用类型。

（3）富集因子及空间分布特征结果显示：汞含量空间分布格局总体上表现为中部向南北两侧递增的趋势；土壤汞含量高值区主要由煤炭开采及工业生产等人类扰动因素所致。

第6章 燃煤工业区土壤生态修复实践
——以煤化工企业污染场地为例

　　土壤作为生态系统中的重要元素之一，与人类生活密切相关，不仅具有天然的生态保护屏障作用，还是人类种植、养殖等生产生活活动的重要场所。然而，我国由于工业发展的开始阶段对环境保护工作重视程度不够，导致因工业生产造成的土壤污染事件频发，粗放式的经济发展模式产生的生态后果，已在近年有所显现。煤化工是以煤为原料，采用化学加工技术将煤转化为气体、液体或固体燃料及化学品的行业。主要包括能源和化学工业，它们采用煤气化、直接液化和低温热解等方法来生产煤气、化学产品和精炼油等。现代煤化工已成为生产清洁煤炭能源和替代石油化工产品的新兴产业，对今后的能源可持续利用发挥重要作用。煤化工行业作为化石能源生产和消费的主要行业，在促进地区经济发展的同时，由于技术及环保意识的局限性，在煤热转化过程中产生的具有"三致"效应的苯系物、多环芳烃等有机物，再加之工业化学品的广泛使用及泄漏、运营过程中长期排放的"三废"污染物等原因，常常会导致场地土壤有机物和重金属污染，严重威胁人体健康和生态安全。尤其是近些年人口向城镇集中，城市规模急速扩大，原处于城郊的工厂迅速被城市吞并，工厂搬迁后场地转为商住用地存在的土壤污染使再开发利用面临环境和健康风险。因此，土壤污染越来越受到人们的广泛关注。

　　当前，中国对场地污染土壤修复也越来越重视，对再开发利用的场地土壤均要求做风险评估并根据评估需要开展修复。目前用于场地污染土壤修复的技术较多，根据修复点位的不同，分为原位修复和异位修复，根据修复原理的不同分为焚烧填埋、生物降解、化学处理等。对具体的某个污染场地，可供选择的修复技术较多，每种修复技术也各有特点，修复技术的选择需考虑的因素有修复成本、资源消耗、修复时间、修复目标的可达成性、修复方式的接受程度、利益方偏好等。因此，修复技术的选择是一个涉及多目标、多因素的决策过程。随着时代的发展，修复技术选择的侧重点从经济成本转变为技术可行性。许多决策者重视绿色修复，选择因素侧重点的不同，使决策所考虑的指标权重也有所差异。因此，针对某特定污染场地条件，选择出合适的修复技术是制订修复方案的关键，对修

115

复工程的设计、施工和运行维护有着重要的意义。

从全国情况来看，无论从法律法规等的制定还是地方具体的治理措施的实施，污染土地的生态修复虽然取得了一定的进步，但由于资金、技术等各项因素的限制，在实际操作上整体进展较慢，土壤污染治理的理论和技术仍需要进一步完善，土壤生态修复的发展空间仍旧巨大。因此，如何规模化修复场地污染土壤，已成为我国当前及今后一段时期环境修复面临的重要课题之一。当前，急需发展和推广一种操作简单、成本低、环境友好的适合规模化修复场地污染土壤的技术。本章以某煤化企业污染场地修复示范工程为案例，在国内外土壤相关修复技术初步筛选基础上，结合第3章场地土壤污染特征与风险评价及场地的土地利用规划，从修复工程的工作内容、修复技术、资金强度、修复周期等方面来分析本场地土壤修复工程的可行性，确定适合本场地土壤污染物修复的优化方案，研究不仅可以丰富土壤修复技术综合评价理论，还可以为场地污染土壤修复方案的选择提供技术参考，进一步促进污染土壤修复在理论层面和技术层面的创新与发展。

6.1　场地污染特征和风险状况

6.1.1　场地土壤污染特征

第3章分析了本场地各层土壤中污染物种类及其浓度值，可知本场地土壤超过筛选值的物质共有10种，其中，挥发性有机污染物2种，分别为苯和氯苯；半挥发性有机污染物8种，分别为苯并(a)蒽、苯并(b)荧蒽、苯并(a)芘、茚并(1,2,3-cd)芘、二苯并(a,h)蒽、p,p'-DDE，p,p'-DDD及DDT。

场地调查结果表明，本场地土壤污染物主要有半挥发性有机物多环芳烃和DDT及挥发性有机物苯和氯苯，空间分布无明显规律性，最大污染深度为10.0m。挥发性有机污染物苯和氯苯，最高超标倍数分别为463倍和1.0倍，半挥发性有机物多环芳烃污染物苯并(a)蒽、苯并(b)荧蒽、苯并(a)芘、茚并(1,2,3-cd)芘和二苯并(a,h)蒽最大超标倍数分别为28.0倍、33.2倍、41.2倍、28.6倍和39.6倍，有机氯农药污染物p,p'-DDE、p,p'-DDD和DDT最大超标倍数分别为32.0倍、1.07倍和18.3倍。污染层基本位于第①层人工填土层，少量分布于第②层粉土层；氯苯污染深度为5.0~7.0m，污染层位于第②层粉土、第③层粗砾砂和第④层含砂粉质黏土；苯污染深度为3.0~10.0m，污染层位于第②层粉土、第③层粗砾砂、第④层含砂粉质黏土(见表6-1)。

表 6-1　场地土壤各层污染物种类和污染水平（mg/kg）

序号	污染物	筛选值	第①层 0~4.0m 填土	第②层 4.0~6.0m 粉土	第③层 6.0~9.0m 中粗砂	第④层 9.0~10.0m 粉质黏土
1	苯	0.64	45	215	297	103
2	氯苯	41	/	82.0	78.1	/
3	苯并(a)蒽	0.5	14.5	/	/	/
4	苯并(b)荧蒽	0.5	17.1	/	/	/
5	苯并(a)芘	0.2	8.44	/	/	/
6	茚并(1,2,3-cd)芘	0.2	5.91	/	/	/
7	二苯并(a,h)蒽	0.05	2.03	/	/	/
8	p,p'-DDE	1.0	33.0	/	/	/
9	p,p'-DDD	2.0	4.13	/	/	/
10	DDT	1.0	19.3	/	/	/

注："/"表示该区域该土层土壤中污染物的浓度未超标。

6.1.2　土壤风险状况

根据第 3 章结论，苯并(a)蒽、苯并(b)荧蒽、苯并(a)芘、茚并(1,2,3-cd)芘、二苯并(a,h)蒽、p,p'-DDE、p,p'-DDD 和 DDT 仅存在致癌风险，氯苯仅存在非致癌风险，苯和 DDT 既具有致癌风险，也具有非致癌危害。土壤中各污染物的健康风险评估如表 6-2 所示。

表 6-2　土壤污染健康风险评估结果

序号	污染物	第①层 0~4.0m 致癌风险	危害熵	第②层 4.0~6.0m 致癌风险	危害熵	第③层 6.0~9.0m 致癌风险	危害熵	第④层 9.0~10.0m 致癌风险	危害熵
1	苯	6.90E-03	5.60E+02	4.78E-03	3.89E+02	1.65E-03	1.34E+02	1.65E-03	1.34E+02
2	氯苯	/	/	/	6.12E+01	/	0.00E+00	/	/
3	苯并(a)蒽	2.28E-05	/	—	—	—	—	—	—
4	苯并(b)荧蒽	2.69E-05	/	—	—	—	—	—	—

序号	污染物	第①层 0~4.0m		第②层 4.0~6.0m		第③层 6.0~9.0m		第④层 9.0~10.0m	
		致癌风险	危害熵	致癌风险	危害熵	致癌风险	危害熵	致癌风险	危害熵
5	苯并(a)芘	1.33E-04	/	—	—	—	—	—	—
6	茚并(1,2, 3-cd)芘	9.29E-06	/	—	—	—	—	—	—
7	二苯并 (a,h)蒽	3.19E-05	/	—	—	—	—	—	—
8	p,p'-DDE	2.29E-05	/	—	—	—	—	—	—
9	p,p'-DDD	2.01E-06	/	—	—	—	—	—	—
10	DDT	1.13E-05	2.50E+00	—	—	—	—	—	—

注："/"指无此类风险；"—"表示本土层污染物浓度没有超过场地风险评估筛选值，不计算风险。

第①层土壤中有苯、苯并(a)蒽、苯并(b)荧蒽、苯并(a)芘、茚并(1,2,3-cd)芘、二苯并(a,h)蒽、p,p'-DDE、p,p'-DDD 和 DDT 共 9 种污染物存在致癌风险，致癌风险水平分别为 6.90E-03、2.28E-05、2.69E-05、1.33E-04、9.29E-06、3.19E-05、2.29E-05、2.01E-06、1.13E-05，苯和 DDT 存在非致癌风险，非致癌危害熵分别为 5.60E+02、2.50E+00。

第②层土壤中苯存在健康风险，致癌风险和非致癌风险并存，其中致癌风险水平为 4.78E-03，非致癌危害熵为 3.89E+02，氯苯存在非致癌风险，非致癌危害熵为 6.12E+01。

第③层土壤中苯存在健康风险，致癌风险和非致癌风险并存，其中致癌风险水平为 1.65E-03，非致癌危害熵为 1.34E+02。

第④层土壤中苯存在健康风险，致癌风险和非致癌风险并存，其中致癌风险水平为 1.65E-03，非致癌危害熵为 1.34E+02。

6.2 场地修复需求分析

根据我国污染场地环境管理的相关要求，污染场地的环境管理以健康风险为导向，若场地存在污染风险，则需要进行风险管控和场地修复；若场地不存在污染风险，则不需要进行风险管控和场地修复。

本场地的土壤风险表明，在住宅规划区域内共有 10 种污染物存在健康风险，分别是苯、氯苯、苯并(a)蒽、苯并(b)荧蒽、苯并(a)芘、茚并(1,2,3-cd)芘、二苯并(a,h)蒽、p,p'-DDE、p,p'-DDD 和 DDT，按国家相关规定需要进行修复。由于本场地 I~P 区域开发时间未定，因此本章主要针对 A~H 区域污染场地研究相关修复技术方案。

6.3 场地修复范围和修复工程量

6.3.1 场地土壤修复标准

依据第 3 章煤化工企业污染场地环境调查与风险评估的相关结论，A~H 区域土壤污染物修复标准见表 6-3。

表 6-3 场地土壤污染物修复目标值

序号	污染物种类	修复目标值/(mg/kg)	备注
1	苯	0.64	
2	氯苯	41	
3	苯并(a)蒽	0.634	
4	苯并(b)荧蒽	0.636	
5	苯并(a)芘	0.2	若采用固化稳定化、水泥窑协同处置等降低污染风险类修复技术，则其修复目标值需以浸出浓度判定
6	茚并(1,2,3-cd)芘	0.636	
7	二苯并(a,h)蒽	0.064	
8	p,p'-DDE	1.43	
9	p,p'-DDD	2.05	
10	DDT	1.71	

6.3.2 场地土壤修复范围

本方案的修复范围为第 3 章煤化工企业污染场地环境调查与风险评估的相关结论所确定的 A~H 区域修复范围。图 6-1 为场地各层不同类型污染土壤需修复范围，其中 2~3m 土壤污染物不超标，故不涉及修复。

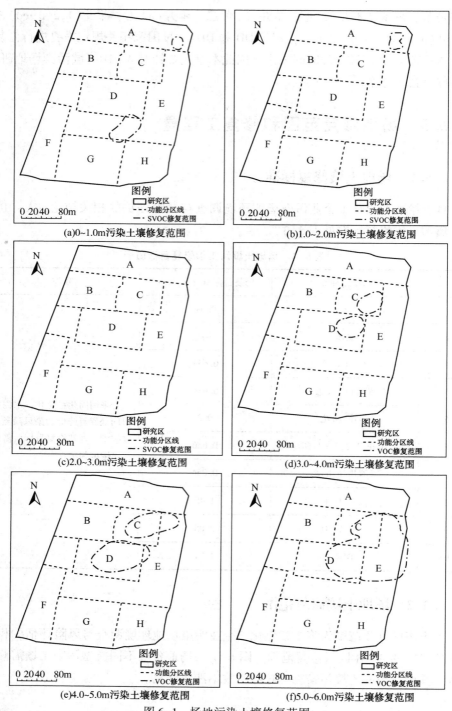

(a)0~1.0m污染土壤修复范围

(b)1.0~2.0m污染土壤修复范围

(c)2.0~3.0m污染土壤修复范围

(d)3.0~4.0m污染土壤修复范围

(e)4.0~5.0m污染土壤修复范围

(f)5.0~6.0m污染土壤修复范围

图6-1　场地污染土壤修复范围

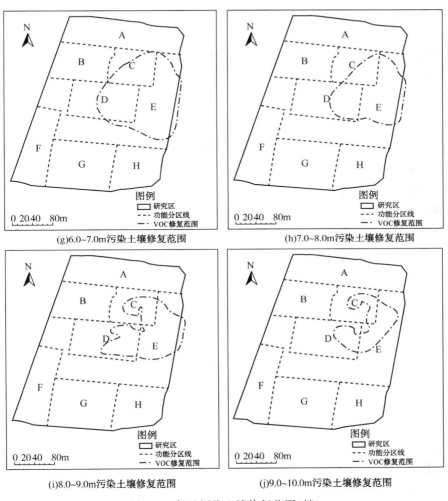

(g)6.0~7.0m污染土壤修复范围

(h)7.0~8.0m污染土壤修复范围

(i)8.0~9.0m污染土壤修复范围

(j)9.0~10.0m污染土壤修复范围

图 6-1　场地污染土壤修复范围(续)

6.4　场地修复技术筛选与评估

6.4.1　修复相关技术条件分析

6.4.1.1　场地条件确认

目前，场地内建筑物已进行拆除清理，地表的建筑垃圾已场内运输，绿化植被以及大树已移除。

6.4.1.2　选择修复模式

根据本场地的场地特征条件、修复目标和修复要求，选择对修复周期短、对周边环境影响较小、技术经济可行性较高的技术路线，确定本场地将采取以异位修复为主的总体思路。

6.4.1.3　场地用地规划

根据规划，该区域将被用于商业房地产开发，土地利用类型将从三类工业用地转变为居住用地，性质发生了明确变更，且规划用地为敏感型用地。

6.4.1.4　场地土层分析及岩性

本次勘察深度范围内，场地地基土自上而下依次为：第四系全新统中早期统冲洪积层（Q_2^{al+pl}），第四系上更新统冲洪积层（Q_3^{al+pl}），第四系中更新统冲洪积层（Q_2^{al+pl}）。本次勘察未揭穿第四系中更新统冲洪积层，岩性以人工填土、粉土、砂土、粉质黏土为主。

6.4.1.5　场地开发建设计划

该场地位于城市中心地段，亟待开发，因此该场地污染土壤的修复应尽量采用修复时间较短的修复技术。

6.4.1.6　场地修复施工条件

该场地地上和地下的构筑物目前均已被拆除，场内市政基础设施已切断，场地已基本具备污染土壤清挖修复的施工条件。

6.4.2　修复技术筛选原则

本场地土壤污染物修复技术的筛选应以该场地前期污染调查与风险评估工作为基础，充分借鉴国外在污染场地修复领域的先进经验，满足我国现阶段污染场地修复技术的研发、应用与管理水平，以有效去除或降低场地土壤中污染物的浓度和风险，提高修复效率，减少二次污染，以确保人体安全为基本原则。具体原则如下：

（1）场地适用性原则：应针对场地污染物特性和污染特征、场地地质、水文地质条件、场地未来规划、场地后期建设方案等重要因素，因地制宜选择修复技术。具体应根据本场地土壤中污染物的种类、污染程度、分布深度（0~10.0m）和不同用地类型（住宅和学校）等实际情况，分别选择。

（2）技术可靠性原则：为保证场地修复工作的顺利完成，本场地的修复技术应尽可能采用绿色、可持续、成熟可靠的修复技术，而不应单纯追求技术的先进性，避免采用处于研究初期的修复技术。

（3）时间合理性原则：为尽快完成污染场地的修复工作，开展场地的进一步开发利用，在同等条件下，应尽量选择修复周期短的修复技术。

（4）费用合理性原则：在满足场地污染修复目标可达、技术可行前提下，应尽量选择经济上可行的修复技术，降低修复费用。

（5）减少环境影响：本场地污染土壤的修复，应尽可能采用工艺较为简单且修复过程二次污染较少的修复技术，以降低修复过程的环境影响。

（6）结果达标原则：本场地所选的污染土壤修复技术，必须满足本场地土壤修复目标的要求，确保环境安全及居民健康。

6.4.3 场地土壤修复技术筛选

针对场地土壤污染状况，筛选实用的修复技术，对主要污染物和需要修复的污染土壤面积、土方量，从修复实施时现场条件及修复要求（时间、费用等）等方面进行修复技术筛选可行性比选，选择适用于本场地污染土壤的修复技术。

本场地污染土壤中，污染物是挥发性有机物苯和氯苯以及半挥发性有机物多环芳烃和有机氯，场地土壤中污染物的最大污染深度为 10.0m。在此深度范围内，自地表以下的土层分别为填土、粉土、中粗砂、粉质黏土等，具体筛选矩阵及筛选结果如下。

6.4.3.1 VOC 污染土壤修复技术筛选

1）气相抽提技术

气相抽提技术适用于土壤通气好且土壤性质相对一致的场地。本场地污染区域的土壤主要为填土、粉土和少量粉质黏土，中粗砂所占比例较小，土壤性质不同，且孔隙率较低。因此，从场地土壤质地来考虑，该技术不适用于本场地。

2）常温解析技术

常温解析技术可用于处理挥发性有机物污染土壤，具有操作简单、修复效果明显、修复成本低、适用浓度范围广等特点，对于沸点在 50～250℃室温下饱和蒸汽压超过 133.32Pa、常温下以蒸汽形式存在于空气中的污染物尤其有效，虽然在某些不利条件下（如环境温度低、土壤黏度大等）存在拖尾现象，但可以通过添加生石灰等强化手段来提高修复效率，实现土壤的深度修复。因此，对于本场地中的 VOC 污染物苯和氯苯污染土壤，常温解析技术较为适用。

3）生物通风技术

该场地位于城市中心地段，亟待开发，要求修复工程在较短时间内完成，而生物通风技术虽然成本低廉，对场地土壤生态环境基本没有破坏作用，但该技术修复时间周期较长，采用该技术无法在规定时间内完成相关土壤的修复工作。因此，从修复时间上考虑，该技术不适用于本场地。

4）化学氧化技术

化学氧化修复技术成本适中，但周期较长，不能满足要求，若采用原位化学氧化技术，使用的氧化剂可能对本场地规划建筑物地基造成腐蚀；若采用异位化学氧化技术，容易二次污染，环境风险管理难度大。因此，从建筑物安全和环境风险管理来考虑，该技术不适用于本场地。

该场地 VOC（苯和氯苯）污染土壤修复技术选择矩阵及筛选结果见表6-4。结合技术筛选表与本场地条件分析，针对本场地 VOC 污染土壤，推荐选择常温解析技术。

6.4.3.2　SVOC 污染土壤修复技术筛选

1）热脱附技术

热解析可加热温度600℃，对挥发性及半挥发性有机物处置效果较好，工艺简单、技术成熟且修复时间短。但该技术需要成套的热解析设备，且针对本场地污染土壤还存在以下不足：运行成本高；耗能高，需投入成套设备，并架设煤气或天然气管道；有机氯污染土壤在加热过程中可能产生二噁英等污染物质，对尾气处理要求较高。综上所述，如仅针对本场地挥发及半挥发性有机物污染土壤，选取热脱附技术开展修复工程，则修复成本过高。因此，从修复成本及修复设施建设和控制来考虑，不建议采用。

2）水泥窑协同处置技术

水泥窑焚烧温度可达1800℃，对多环芳烃和 DDT 等处理效果均能达标。处置过程中的二次污染主要为开挖和运输过程，场地内不进行污染土壤处置，场地内环境管理简单。但采用该技术需要有符合要求的水泥厂，其对水泥厂产能、工艺、尾气处理设施等都有一定要求。因此，若能找到满足要求的水泥厂，优先推荐选择水泥窑协同处置技术。

3）土壤淋洗技术

本场地污染区域的土壤主要为填土和粉土，中粗砂所占比例较小，适合砂石类的大颗粒土质土壤的淋洗技术受到限制。因此，从场地土壤质地来考虑，该技术不适用于本场地。

4）生物修复技术

生物修复技术同生物通风技术，修复时间长，不适用于本场地。

该场地 SVOC［苯并（a）蒽、苯并（b）荧蒽、苯并（a）芘、茚并（1,2,3-cd）芘、二苯并（a,h）蒽、p,p'-DDE、p,p'-DDD 和 DDT］污染土壤修复技术选择矩阵及筛选结果见表6-5。结合技术筛选表与本场地条件分析，针对本场地 SVOC 污染土壤，推荐选择水泥窑协同处置技术。

表 6-4 VOC污染土壤修复技术筛选

修复技术	有效性	时间	成本	技术成熟性	环境安全性	操作与维护	适用性	不适用性	结论
气相抽提	好	长	较低	一般	一般	较复杂	对VOC污染土壤有较好的修复，适用于非饱和土壤，对土壤通气性质好且土壤性质相对一致场地修复效果较好	对透气性较差的土壤不适用	不建议选用
常温解析	好	短	低	成熟	一般	容易	适用于VOCs污染土壤的修复，特别适合低浓度、易挥发性有机污染物	环境温度低，土壤黏度大等条件下存在拖尾现象	建议选用
生物通风	一般	较长	低	一般	高	较复杂	适用于高、中透气率的不饱和土壤层中挥发性有机物和半挥发性有机物污染土壤的修复	处理周期较长，不适用于高浓度污染土壤，不适用于低渗透或高黏粒含量的土壤	不建议选用
化学氧化	好	较短	一般	成熟	一般	一般	适用于有机污染土壤，技术成熟，处理周期短	需投加氧化剂等物质，存在与土壤接触是否充分问题，要保证药剂环境安全性	不建议选用

表 6-5 SVOC污染土壤修复技术筛选

修复技术	有效性	时间	成本	技术成熟性	环境安全性	操作与维护	适用性	不适用性	结论
热脱附	好	短	高	成熟	低，二噁英检测要求高	较复杂	适用于VOCs和SVOCs污染土壤的修复，技术成熟，处理周期短，处理效果好	修复成本高，需成套设备	不建议选用

修复技术	有效性	时间	成本	技术成熟性	环境安全性	操作与维护	适用性	不适用性	结论
水泥窑协同处置	好	短	一般	成熟	一般	容易	适用于 SVOCs 污染土壤的修复,包括多环芳烃、有机农药和多氯联苯,特别适用于高浓度有机污染土壤的修复,技术成熟,处理周期短,处理效果好	受地域、地方环保要求以及水泥窑改造限制	建议选用
土壤淋洗	好	短	高	一般	一般	较复杂	处理时间短,适用于处理有机污染物和重金属	污染土壤黏性较大时不适用,污水处理量较大,成本高	不建议选用
生物修复	一般	长	低	一般	高	容易	适用于可生物降解的有机污染物的去除以及部分重金属污染稳定化	受场地再开发时间限制,场地污染物浓度较高时需考虑微生物环境适应性;污染物浓度太低时,需考虑微生物活性	不建议选用

6.4.4 修复技术可行性评估

本场地修复技术可行性评估方法主要为污染物降解机理和案例分析。根据本场地的特征条件和污染情况,将筛选适用修复技术开展相关工作,评估其技术可行性。

6.4.4.1 VOC污染土壤常温解析处置技术

1)国内应用案例

目前,常温解析技术已成为我国挥发性污染土壤修复的最常用技术,在北京、江苏、大连等省市均有大规模的应用(见表6-6)。其中,北京某大型氯碱化工场地自2011年开始采用原地异位常温解析技术修复其挥发性污染土壤以来,至今已累计完成了近300×10⁴m³污染土壤的修复,一次修复达标率近98%,修复效果明显。

表6-6 采用常温解析技术修复挥发性污染土壤的案例场地

序号	项目名称	实施时间	主要污染物
1	北京某氯碱化工厂场地土壤修复项目	2011年至今	氯代烃
2	北京某焦化厂场地土壤修复项目	2013年至今	苯系物
3	北京平谷某地块土壤修复项目	2014年至今	氯代烃、苯系物
4	南通某化工厂场地土壤修复项目	2013年至今	苯系物、氯代烃
5	大连某化工厂搬迁场地土壤修复项目	2013—2015年	苯系物

2)场地应用条件分析

目前大量的实际应用表明,常温解析技术的修复效果不仅与修复工艺有关,还与其场地污染物的性质、土壤类型、土壤含水量及当地气温有密切关系。污染物挥发性越强、土壤黏性越小、含水量越低、气温越高,修复效果越好。反之,其修复效果越差,并将产生明显的拖尾现象。因此,在该技术应用之前,开展相关的应用条件分析是十分必要的。

本场地土壤中挥发性有机物主要为苯和氯苯,具有较低的沸点和较高的蒸气压,常温下易挥发,在扰动情况下更易从土壤中逸出,所需修复的土壤类型包括填土、粉土、中粗砂、粉质黏土等,含水量不高,颗粒较大,孔隙率较高,便于污染物气体从土壤中逸出,利于常温解析技术的应用。再加之该技术修复时间较短、成本低、操作简单、管理方便,其设备国内均有,可租可买,同样能够满足本场地在修复时间、费用、管理方面的要求。因此,常温解析技术用于本场地挥发性有机污染土壤的修复是完全可行的。

6.4.4.2　SVOC污染土壤水泥窑协同处置技术

1）国内应用案例

水泥窑协同处置技术可用于场地有机物污染土壤的处置，修复周期短、有机污染物彻底氧化后，只产生水、二氧化碳等无害产物，二次污染风险较小。目前也已成为我国场地污染土壤修复的一种主要处置技术。

对于DDT等有机氯农药污染以及多环芳烃污染土壤，水泥窑协同处置在工程应用中比较广泛，表6-7列举了国内污染场地采用的该修复技术的案例。

表6-7　国内采用水泥窑协同处置有机氯农药和PAH污染土壤的案例场地

序号	项目名称	实施时间	主要污染物
1	北京地铁七号线污染土壤修复项目	2012—2013年	卤代烃
2	苏州某电镀厂场地污染土壤修复项目	2013—2014年	重金属、氰化物、多环芳烃
3	北京某焦化厂南区土壤修复项目	2014—2009年	多环芳烃
4	武汉E地综合土壤治理工程项目	2013—2015年	六六六、DDT、多环芳烃
5	北京市红狮涂料厂土壤修复项目	2010年	六六六、DDT

2）场地应用条件分析

开展污染土壤水泥窑协同处置修复的前提条件是在场地附近要有水泥生产企业，且需要满足相关条件。实施水泥窑协同处置的单位满足以下条件的水泥窑可用于协同处置固体废物：

（1）窑型为新型干法水泥窑。

（2）单线设计熟料生产规模不小于2000t/d。

（3）投料系统：输送装置和投加口应保持密闭，固体废物投加口应具有防回火功能，配备可实时显示固体废物投加状况的在线监测系统，具有自动联机停机功能。

（4）尾气系统：水泥窑及窑尾余热利用系统采用高效布袋除尘器作为烟气除尘设施，保证排放烟气中颗粒物浓度满足GB 30485的要求。

（5）贮存条件：固体废物贮存设施应专门建立，以保证固体废物不与水泥生产原材料、燃料和产品混合贮存。

若采用水泥窑协同处置，选择的水泥厂需要在正常生产的前提下，对现有投料、尾气系统进行改造，防止二噁英产生，并建设土壤储存场所，改造后满足《水泥窑协同处置固体废物环境保护技术规范》（HJ 662—2013）要求，改造期内，可先行将场地内的污染土壤运至暂存区域，对场地开发工期的影响降至最低。

除此之外，采用水泥窑协同处置的污染土壤需满足《水泥窑协同处置固体废物环境保护技术规范》中对入窑物料的要求，氯元素含量不应大于 0.04%，含氯有机污染物 p,p'-DDE、p,p'-DDD 和 DDT 最大污染浓度为 33.0mg/kg，氯元素含量为 0.0017%，远小于规范限值。因此，本场地污染土壤满足水泥窑协同处置对入窑物料要求。

6.4.5　修复技术方案筛选与评估小结

综合以上几种修复技术方案的比选，结合该场地土壤污染物的分布特征、场地水文地质条件、场地规划及后期建设的相关要求，经修复技术的初步筛选和进一步的可行性评估，确定场地污染土壤修复的适用技术如下：SVOC 污染土壤采用水泥窑协同处置技术，VOC 污染土壤采用常温解析技术。

开展此项工程，水泥窑系统需完成以下技术改造：

（1）完成投料系统的改造；

（2）完成尾气处置系统的改造；

（3）污染土壤的暂存空间充足，暂存场所密闭，并做过相应的防渗及挥发性气体收集处置措施；

（4）水泥窑能够正常运行，保证处置土方按计划完成。

常温解析需协调选择开展常温解析修复工程的场地。

6.5　场地土壤修复方案设计

本项目在上述场地污染土壤修复技术的筛选与评估基础上，结合场地的污染特征、水文地质条件和场地后期的开发建设计划等关键因素，最终得出了该场地土壤污染物修复的最适方案。

6.5.1　修复方案

本项目确定了场地污染土壤修复方案，内容见表 6-8。

表 6-8　场地污染土壤修复方案

污染类型	修复实方量/m³	修复虚方量/m³	清挖实方量/m³	清挖虚方量/m³	修复技术
VOC 污染	84009	100811	187436	224923	常温解析
SVOC 污染	7322	8786	7322	8786	水泥窑协同处置

注：1. 虚方换算系数按 1.2 计。

2. 由于本场地 VOC 类污染物（6.0~7.0m）污染范围最大，而后随深度加大污染平面范围逐渐减小，因此，该类土壤清挖时 0~7.0m 每层清挖面积均为 6.0~7.0m 污染面积。

6.5.2 技术路线

通过场地修复模式判断与修复技术筛选，确定该场地修复方案总体技术路线如图6-2所示。

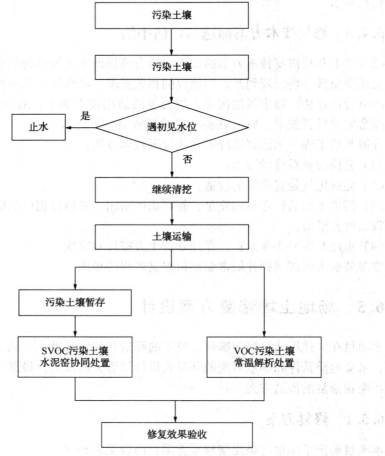

图6-2 场地污染土壤修复技术路线

6.5.2.1 污染区域定位

以第3章场地环境调查与风险评估内容中确定的治理修复范围，采用GPS在现场确定污染区域边界拐点坐标数据作为放线标准，采用全站仪和水准仪完成需开挖区域边角点坐标、高程的测定和定点控制，确定基槽开挖线，并用白灰撒出。在开挖线范围一侧设置警示牌，警示牌上标明土壤类型及开挖深度、处理方式，避免错挖。在各施工区域周边采取围护措施，挖掘VOC污染土壤必须采用封闭式围护，防止污染物挥发。

综合考虑以上所有的污染物，不同深度所有超修复目标值的污染物分布范围的叠加即为场地修复范围。SVOC类污染物分布特征为，浅层超过修复目标值的平面范围大，而向下平面范围逐渐缩小，因此随着深度的加深，开挖面积呈阶梯式缩小。VOC类污染物分布深度范围为 2.0～10.0m，且 6.0～7.0m 污染范围最大，而后随深度的加大污染平面范围逐渐减小。因此，该类土壤清挖时 0～7.0m 每层清挖面积均为 6.0～7.0m 污染面积，非污染土壤原场地堆放以后后续利用，污染土壤及时运至暂存场地；7.0m 以下随深度增加，开挖面积阶梯式缩小。

在基坑开挖过程中不可避免地会遇到降雨天气，以及场地内本身存在的浅层地下水会在基坑内蓄积，因此在基坑边界设置一定数量集水井，基坑坑底开挖成一定坡度，使得基坑内的污水汇聚到集水井内，然后通过泵将污水抽入暂存水袋，经水车将污水运往污水处理厂处理。

6.5.2.2 污染土壤暂存及运输方案

根据方案，本场地 SVOC 污染土壤均为挖掘后先运送至暂存场暂存，然后再由暂存场运输至水泥厂进行焚烧处置；VOC 污染土壤直接运送至常温解析大棚进行修复；未污染土壤挖掘后运至场内异地堆存。场外运输线路应尽量避开人口密集区及相关敏感点。所有污染土壤的运输时段均应在夜间进行。需在选择合适的水泥厂后确定运输线路，运输过程中应控制土壤的扬尘及遗撒，控制车速，严禁超车。

6.5.2.3 VOC 污染土壤预处理

为了使 VOC 污染土壤经过常温解析后达到理想的处理效果，需对开挖的污染土壤进行预处理。预处理的主要方式为土壤筛分，在常温解析大棚内进行，用滚筒筛将污染土壤中的碎石、砖块等大颗粒杂质去除。含水量较高的污染土壤需在大棚内稍微晾干后再进行堆垛。

6.5.3 VOC 污染土壤常温解析处置方案

6.5.3.1 工艺流程

本方案采用常温热解析技术修复 VOC 污染土壤100811m³，工艺流程如图6-3所示。

6.5.3.2 设计规模

常温解析处置过程包括土壤的预处理和污染土壤处置两个环节，均需在大棚内结合清挖进度进行。由于本场地 VOC 污染土壤深度在 3.0m 以下，土壤基本不含碎石、砖块等大颗粒杂质，基本不需要进行预处理，然后进行翻倒修复。根据清挖进度，需每天接纳土壤 1600m³，处理周期为 2~3 天。因此，为保证修复工作的顺利进行，大棚的设计总储存能力不小于 4800m³。

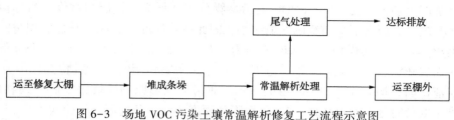

图 6-3 场地 VOC 污染土壤常温解析修复工艺流程示意图

6.5.3.3 修复大棚设计

根据国内外经验，本场地 VOC 污染土壤处置大棚将采用膜结构大棚，具有容量大、结构稳定、经久耐用、运行成本低、拆卸方便可移动、安装简单快捷、可重复利用等特点，包括空气支撑膜结构系统、气体组织及处理系统、环境安全监测系统等。

1）空气支撑膜结构系统

空气支撑膜结构系统由整幅单层多功能膜、铝合金固定卡具、充气风机、止回阀、充气软管及控制装置组成，底部设计圈梁基础保持大棚的整体密封。每个大棚设置多个充气风机，形成微正压，支撑大棚，其充气量根据棚压和棚内污染物气体的含量确定。

大棚采用空气支撑方式，通过送风机向结构内部送风，产生气压差来维持膜结构的形态稳定和刚度。其压力控制系统可通过控制送风机的送风量及配套的风雪感应器，及时调节空气支撑膜结构内部的气压差，应对荷载与作用力，保证结构的安全。该大棚内部无任何梁柱，可有效增加空间使用面积，而且有一定的透光性，可有效利用太阳光照来提高大棚内温度，有利于污染土壤中挥发性污染物的挥发。

为了满足运输污染土壤车辆、内部作业机械及工作人员进出车间的要求，防止棚内污染气体外逸，该大棚设有两道密闭门。该密封门采用双层互锁气密门结构设计，即污染土壤运输车辆到达门口时，第一道气密门开启，运送车辆进入气密门通道中，然后第一道门关闭，第二道门开启，运送车辆进入棚内。由于其采用了互锁装置，所以在第一道门未完全关闭前，第二道门不能开启，可有效防止棚内空气减压和污染气体逸出棚外。污染土壤修复完成后，其运输车辆出棚顺序正好与上相反。

修复大棚的地面采用抗渗混凝土浇筑，层厚 15cm，内配钢筋网片，对污染土壤修复作业区进行有效围合，将土壤修复过程中解析释放的 VOC 密封起来，防止其直接排入大气环境中。

132

2）气体组织及处理系统

在污染土壤的翻抛过程中，会向棚内释放大量的挥发性污染气体。为有效排除这些污染气体，避免局部死角，提高污染物的去除效率，该大棚采用水平流全面通风设计，对棚内整个作业区进行通风换气。在正常情况下，换风频率为2次/h。

此外，在该修复密闭空间内，因操作区与污染区混合在一起，为保证棚内人员的人身安全，并使比重较大污染物气体能够全部迅速排出，该大棚采用了下进下出的送风方式，以减少污染物在内部的滞留，迅速排出。其中，送风口靠近操作区，排风口尽可能靠近浓度较高的区域。

修复过程中产生的污染气体，经收集后通过管道排入尾气处理装置。该处理装置由多级活性炭吸附箱组成，并在尾气排放末端安装实时监测仪，尾气经净处理达标后排放。吸附饱和的活性炭经包装后将送至相关有资质的部门（山西省固废处置中心）进行处理。

3）环境安全检测系统

本地修复过程中排出的污染气体为苯、氯苯，为有毒有害物质，对人体健康有较大危害。为保证棚内作业人员的安全以及结构的安全，该大棚设计有两套监测系统，一套为在线监测系统，一套为手动监测系统，以及时掌握和调节密闭空间内污染物气体的浓度。

目前，已按照相应技术要求建设 $6000m^3$ 的常温解析大棚，可供本场地 VOC 污染土壤的修复处置。

6.5.3.4　污染土壤处置

采用常温解析技术进行污染土壤的修复。其过程为：在棚内，将污染土壤堆放成底部宽 4.0m、顶部宽 3.0m、高度为 1.5m、间距为 0.8m、长度 50.0m 的条垛，然后用翻抛机或土壤改良机等设备对污染土壤进行翻抛，利用强制性扰动，使土壤中的挥发性污染物逸出除去。

处置后经检测合格的土方用于深基坑回填并压实。

6.5.3.5　预计效果

土壤中目标污染物苯和氯苯的浓度达到本场地土壤修复目标值要求，具体见表 6-3。

6.5.4　SVOC 污染土壤水泥窑协同处置方案

6.5.4.1　工艺流程

本场地采用水泥窑协同处置的 SVOC 污染土壤共 $8786m^3$，工艺流程图见图 6-4。

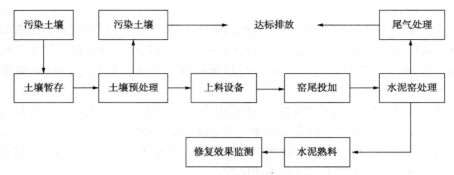

图 6-4　场地 SVOC 污染土壤水泥窑协同处置工艺流程示意图

6.5.4.2　污染土壤暂存

清挖出的 SVOC 污染土壤在进行水泥窑协同处置前，需进行临时暂存，共计 8786m³。由于 SVOC 具有一定的挥发性，因此要求储存设施全面密闭，且配备尾气处理装置。本场地 VOC 和 SVOC 污染土壤范围不重叠，计划先进行 VOC 污染土壤的清挖和修复处置；修复完成后，将清挖待处置的 SVOC 污染土壤暂存于 VOC 常温解析修复大棚中。

6.5.4.3　水泥厂接收污染土壤

污染土壤运输到水泥厂后，将配合水泥厂做好污染土壤的接收工作，将污染土壤运输到水泥厂指定的密闭暂存场所，配备监控系统。将主要做好以下工作：

（1）配合水泥厂做好转运联单的核实、污染土壤的接收工作和污染土壤取样分析等工作。

（2）配合水泥厂做好污染土壤的准入工作；按照水泥厂的规划和要求运输污染土壤到指定的地点进行暂存。

（3）减少污染土壤运输过程中的撒漏，对遗漏进行及时清理，避免二次污染的产生。

（4）建设暂存场所，需进行水泥窑处置污染土壤 8786m³，设计暂存场地面积 2800m²，采用密闭大棚对污染土壤进行暂存，地表铺设 HDPE 膜，大棚末端加装尾气处理装置，防止有机气体挥发对环境造成二次污染。

6.5.4.4　污染土壤的分选预处理

污染土壤在协同处置前，送入水泥厂的生料预处理车间进行分选和预处理。预处理完成，达到水泥厂相关要求后，根据水泥厂的处理计划，将预处理后的土壤进行水泥窑协同处置或送回密闭仓库暂存，暂存处理后的土壤与未处理的土壤分开；分选出未受污染的建筑垃圾送往建筑垃圾堆场，受污染的建筑垃圾按相关规范妥善处置。在水泥窑污染土壤作为废物进行投加前，将对污染土壤进行必要

134

的预处理，如进行污染土壤的筛选、烘干、倒运、破碎、研磨等，各工艺过程情况简述如下。

筛选：通过筛分设备将土壤中大块（粒径大于150mm）的建筑垃圾从待处理的土壤中筛选分离。

烘干：将污染土壤的含水量烘干至1%以下。

倒运：将筛选、烘干后的污染土壤倒运至原料破碎装置中。

破碎、研磨：将大粒径的污染土块或垃圾破碎至30mm以下。

以上过程均需在密闭环境下进行。

6.5.4.5 污染土壤的投加与处置

污染土壤的投加与处置主要包括污染土壤的投加、焚烧和尾气处理等过程，各工艺过程情况简述如下。

投加：将污染土壤从窑尾加入。

焚烧：在温度为1300~1450℃、火焰温度1540~1700℃的情况下燃烧去除污染土壤中的有机污染物。

尾气处理：通过脱硫脱硝及除尘装置，对燃烧过程中产生的二氧化硫、氮氧化物等进行吸收处理，并通过在线监测设备，随时监控尾气的排放情况，或定期委托监测。

各工艺过程参数具体参见《水泥窑协同处置固体废物环境保护技术规范》（HJ 662—2013）。

6.5.4.6 水泥产品质量控制性能的检测

污染土壤作为水泥生产的替代原料，和其他配料一起经水泥窑焚烧后生产成水泥熟料；污染土壤中所含有机污染物经水泥窑高温和长时间的煅烧被彻底焚毁，污染土壤最终变为符合产品质量的水泥并在市场上进行销售，没有废渣和其他废弃物的产生。该阶段与水泥厂将一起做好生产的水泥产品的质量检测工作，确保生产的水泥产品符合相关水泥产品的质量标准。

6.5.4.7 预计效果

处置后水泥成品质量满足《通用硅酸盐水泥》（GB 175—2007）要求，SVOC含量达到修复目标值。

6.6 修复工程环境管理计划

根据相关导则要求，为防止修复工程的二次污染，减少环境影响，保障人员健康和环境安全，在修复工程实施前应编制场地修复环境管理计划，对修复过程中污染物的排放及水、土、气等环境质量进行有效监控，并将监测结果与相关标准或施工前的环境质量进行对比分析，以采取相应的环境管理措施。

6.6.1 环境影响分析

6.6.1.1 污染土壤影响

根据场地土壤污染特征及其修复工艺，本场地修复过程中可能产生的土壤二次污染影响主要包括以下 3 个方面。

（1）污染土壤开挖影响：因本场地存在大范围的挥发性苯污染，在开挖过程中不可避免地会使污染物溢出，因此在开挖过程中应考虑必要的覆盖措施，防止污染气体对周边敏感点造成影响。

（2）污染土壤遗撒影响：在污染土壤清挖、运输过程中，可能会产生污染土壤的遗撒，造成场地非污染区及道路周边土壤的污染。

（3）污染土壤堆存影响：在污染土壤清挖过程中的临时堆放、污染土壤暂存场所的存放以及污染土壤处置过程中污染土壤的存放，都会因降水导致土壤中污染物的水平扩散和下渗，以及气态污染物和扬尘的干湿沉降，造成堆场、修复场及其周边土壤的二次污染。

6.6.1.2 大气环境影响

无组织排放：本场地土壤中存在 VOC 和 SVOC 等有机污染物，在污染土壤的清挖、运输和处置等过程中，因土壤的强烈扰动，有机污染物易从土壤中逸出，影响大气环境，主要包括大气污染物排放和粉尘排放两个方面。其中，大气污染物排放主要来自场地污染土壤清挖、运输、暂存过程中土壤扰动引起的污染物无组织排放。

尾气排放：有机污染土壤水泥窑协同处置和常温解析处置的尾气；施工机械尾气的排放。

6.6.1.3 水环境影响

水环境影响主要来自两个方面：一方面是修复过程中的废水排放，主要来自污染土壤清挖基坑的积水、运输车辆的冲洗水、污染土壤暂存场的地面径流等；另一方面是施工工作人员排放的生活污水。

6.6.1.4 噪声环境影响

噪声环境影响主要为污染土壤清挖、运输、暂存、处置过程中相关施工机械、施工设备、运输车辆、处理设备等产生的噪声。

136

6.6.1.5　固体废弃物环境影响

固体废弃物环境影响主要为修复过程中产生的固体废物以及工人的生活垃圾等，包括施工中的包装材料、生活固废等一般固废及修复车间尾气处理后的废活性炭等。

6.6.2　环境保护措施

为有效控制场地污染土壤修复过程中的二次污染，减少环境影响，本场地污染土壤的修复过程应采取有效的环境保护措施。

6.6.2.1　土壤二次污染的防治

在污染土壤的清挖过程中，应尽量减少污染土壤的临时存放，严禁堆放于非污染区；应严格限制清挖机械的活动范围，防止将污染土壤带离污染区域。

在污染土壤的运输过程中，应严禁超载，并加盖密闭装置，确保运输过程不遗撒；现场施工机械和运输车辆出场前应进行清洗，避免将污染土壤带出场；卸车时，应将车停稳，不得边卸边行驶。

污染土壤暂存场地周边应设置排水和集水设施，底部应设防渗层，顶部应加盖防雨、防扬尘膜，防止雨水冲刷、污染物下渗和扬尘。

6.6.2.2　大气污染的防治

1）大气污染物的无组织排放

（1）在污染土壤的清挖过程中，应尽量减少扰动强度和作业面、尽可能采用表面覆盖或遮蔽等手段，减少土壤中污染物的逸出。

（2）在污染土壤的运输过程中，运输车辆应进行苫盖，运输线路尽量避开人口密集区，并减少期间停留时间，减少土壤中污染物的挥发。

（3）在污染土壤暂存过程中，应尽量采用具有尾气收集功能的负压密闭大棚，收集的尾气应进行有效处理。如不具备室内暂存条件，在露天储存场存放时，应尽量减少作业面，并及时进行表面覆盖。

2）水泥窑协同处置和常温解析处置尾气排放

污染土壤处置车间的尾气应进行有效处理，吸附饱和后的活性炭及时更换，尾气污染物应进行在线和定期监测，排放的尾气应满足《水泥窑协同处置固体废物污染控制标准》（GB 30485—2013）。

3）施工机械尾气排放

在污染土壤的清挖、运输和修复过程中，都要大量使用工程机械设备，会排放大量的污染气体。因此，为防止施工机械产生尾气污染大气环境，所有施工机械的尾气排放均应满足国家第三阶段排放标准，即《车用压燃式、气体燃料点燃式发动机与汽车排气污染物排放限值及测量方法（中国Ⅲ、Ⅳ、Ⅴ阶段）》(GB 17691—2005)中的第三阶段排放控制要求，并尽量减少使用时间和使用强度。

由于场地在修复过程中会有异味扩散，在场地修复治理全过程中使用 PID 气体检测器对场地进行检测。当空气中 PID 检测结果超过 10×10^{-6} 时，暂停施工，并进行苫盖，喷洒气味抑制剂，待现场空气中 PID 检测结果小于 10×10^{-6} 时，再开始施工。

6.6.2.3 水污染的防治

1）废水排放

土壤基坑积水应集中收集，经处理达标后排放，或收集后送到有资质的污水厂或污水处理站进行处理，不应随意排放；污染土壤堆场应设置排水沟和集水池，防止雨水冲刷堆场；收集的地面径流应进行有效处理，达标后排放。排放水应符合国家水污染物排放相关标准。

2）生活污水排放

施工人员产生的生活污水应集中收集后排入市政污水管网，不得随意排放。

6.6.2.4 噪声的污染防治

1）减少设备噪声

有机污染土壤的清挖、运输、暂存、修复过程中的施工机械、运转设备等都会产生噪声。为防止其噪声污染，应选用低噪声设备、加强设备维护、采取噪声隔离措施、减少设备运行时间，特别是夜间的使用频率。对场界噪声应定期监测，应采取设置绿化隔离带等措施减小噪声对周围环境的影响。

2）控制作业时间

严格按照国家规定，控制作业时间；特殊情况需连续作业（或夜间作业）时，须采取有效的降噪措施，并事先做好当地居民的工作。

6.6.2.5 固体废物的污染防治

本场地修复过程中产生的所有生活垃圾应经分类收集后，由当地环卫部门统一外运做进一步处置。

6.6.3 环境影响监测

为监控场地污染土壤修复过程中污染物的排放，防止二次污染，减少环境影响，应对本场地修复过程中各个施工环节污染物的排放及其环境影响进行监测，不同的修复环节其监测要点不同（见表 6-9）。

表 6-9　土壤修复监测要点

修复模式	环境监测关键环节	主体修复工程环境监测要点	二次污染控制环境监测要点
异位修复	挖掘	① 区域放样结果； ② 放样范围关键点保护措施； ③ 施工安全措施及安全标志； ④ 必要的基坑降水过程； ⑤ 挖掘后基坑形状、尺寸和土方量	① 产生的粉尘及其控制和处理； ② 产生的有机污染气体和气味及其控制和处理； ③ 产生的废水及其控制和处理； ④ 产生的噪声及其控制和处理； ⑤ 产生的固废尤其是危险废物及其控制和处置
	短驳或运输环节	① 监督车辆按指定路线转移至处理区域； ② 运输车次和运输量	运输车辆的密封性，严禁跑冒滴漏
	土壤暂存	① 暂存场或暂存库的构建过程； ② 污染土壤的分类堆放情况	① 暂存场或暂存库构建环保材料（如 HDPE 膜、土工布等）的数量和质量； ② 环保材料使用情况
	土壤修复	① 土壤预处理（如筛分、破碎等）过程； ② 修复药剂使用情况，包括药剂添加种类、顺序、比例和方式等； ③ 修复工程辅助构筑物（如密封大棚）的构建； ④ 修复设备和仪器的运行使用情况； ⑤ 修复技术工艺的实施情况，包括流程、主要环节和工艺参数等	① 修复区域地面防渗设施和措施； ② 药剂储存区域防雨防渗措施； ③ 设备使用或清洗过程的交叉污染情况； ④ 产生的粉尘及其控制； ⑤ 产生的有机污染气体和气味及其控制； ⑥ 产生的废水及其控制； ⑦ 二次污染监测点位布设和现场采样过程
	修复后土壤回填或外运	① 土壤回填位置； ② 土壤外运地点和处置方式	外运车辆的密封性，严禁跑冒滴漏
原位修复		① 修复区域放样结果和施工安全措施及安全标志； ② 修复药剂的使用情况，包括药剂添加种类、顺序、比例和方式等； ③ 修复辅助构筑物的构建； ④ 修复设备和仪器的运行使用情况； ⑤ 修复技术的工艺实施情况，包括流程、主要环节和工艺参数等； ⑥ 修复效果的定期监测	① 修复区域防渗设施和措施（如止水帷幕）； ② 药剂储存区域防雨防渗措施； ③ 设备使用或清洗过程的交叉污染情况； ④ 产生的粉尘及其控制； ⑤ 产生的有机污染气体和气味及其控制； ⑥ 产生的废水及其控制； ⑦ 二次污染监测点位布设和现场采样过程

6.6.3.1　大气污染监测

按国家相关规定，本场地污染土壤的修复过程应对大气污染排放及其环境影响进行监测，主要包括场界污染物无组织排放的监测、污染土壤处置设施尾气污染物排放的监测及修复过程中大气环境影响监测3个部分。

1）污染物排放及其环境影响监测

（1）原厂址场地：包括污染土壤清挖现场和污染土壤处置场场界污染物无组织排放和大气环境质量的监测。

①布点方案：参照《场地环境监测技术导则》（HJ 25.2—2014），环境空气监测点位的布设，可根据实际情况在场地疑似污染区域中心、场地四周边界、当时下风向场地边界及边界外500m内的主要环境敏感点分别布设监测点位。

②采样方法：按照国家规定，苯采样参照《环境空气苯系物的测定活性炭吸附/二氧化硫解吸-气相色谱法》（HJ 584—2010）；氯苯采样参照《大气固定污染源氯苯类化合物的测定气相色谱法》（HJ/T 66—2001）；多环芳烃、DDT采样参照《环境空气半挥发性有机物采样技术导则》（HJ 691—2014）；颗粒物采样参照《环境空气总悬浮颗粒物的测定重量法》（GB/T 15432—1995）；PM_{10}采样参照《PM_{10}采样器技术要求及检测方法》（HJ/T 93—2003）。

采样过程应同时采集目标大气样品和质控样品，记录采样流量，同步观测气象参数，填写大气采样表。若浓度偏低，可适当延长采样时间；若分析方法灵敏度高，仅需用短时间采集样品时，应实行等时间间隔采样，采集4个样品计算平均值。

③采样频率：施工阶段每周1次，直至现场施工结束。采用连续1h采样计算平均值。

④监测指标：包括大气污染物排放监测指标和环境空气质量监测指标两类。结合国家相关标准及场地土壤中的特征污染物，确定本场地大气污染物排放监测指标为苯、氯苯、苯并（a）蒽、苯并（b）荧蒽、苯并（a）芘、茚并（1,2,3-cd）芘、二苯并（a,h）蒽、p,p'-DDE、p,p'-DDD及DDT、粉尘；环境空气质量监测指标为总悬浮颗粒物、PM_{10}和苯并（a）芘。

⑤分析方法：参照我国相关规定执行。

⑥评价标准：根据《环境空气质量标准》（GB 3095—2012）中的二级标准、《工作场所有害因素职业接触限值化学有害因素》（GBZ 2.1—2007），以及《大气污染物综合排放标准》（GB 16297—1996）中的二类区标准，具体标准参见表6-10。

140

表 6-10　场界大气无组织排放和环境空气质量监测评价标准

监测类型	污染物项目	浓度限值/(mg/m³)	参考标准
场界无组织排放 （厂界、下风向）	苯并(a)芘	8×10⁻⁶	《大气污染物综合排放标准》① （GB 16297—1996）无组织排放
	非甲烷总烃	4.0	
	粉尘	1.0	
	苯	0.4	
	氯苯	0.4	
	滴滴涕	—	不超过背景值30%
环境质量监测 （敏感点、上下风向）	总悬浮颗粒物	0.2	《环境空气质量标准》② （GB 3095—2012）二级标准
	PM₁₀	0.15	
	PM₂.₅	0.075	
	苯并(a)芘	2.5×10⁻⁶	
施工作业面	苯	6	《工作场所有害因素职业接触限值 化学有害因素》（GBZ 2.1—2007）③
	氯苯	50	
	滴滴涕	0.2	
	粉尘	8	
	非甲烷总烃	4.0	《大气污染物综合排放标准》① （GB 16297—1996）无组织排放

① 1 小时平均浓度。

② 日平均浓度。

③ 时间加权平均容许浓度。

（2）水泥窑处置场。

① 布点方案：根据国家规定，应分别在场界四周、场内和场外敏感点布设大气采样点，同时还需设置上风向对照点。

② 采样方法、采样频率、监测指标、分析方法、评价标准同原场地大气监测中的相关内容。

2）污染土壤暂存区尾气排放监测

（1）布点方案：在污染土壤暂存区排风筒设 1 个监测点。

（2）采样方法：参照国家相关规定。

（3）监测频率：每月 1 次。

（4）监测指标：根据《大气污染物综合排放标准》（GB 16297—1996）及本场地土建中的污染物种类，确定本场地污染土壤暂存车间尾气排放污染物的监测指标为苯并(a)芘、非甲烷总烃、粉尘、苯和氯苯。

（5）评价标准：执行中华人民共和国《大气污染物综合排放标准》（GB 16297—1996）中的二类区标准。具体标准参见表6-11。

表6-11　污染土壤暂存区排风筒排放评价标准

监测类型	污染物项目	最高允许排放浓度[①]/(mg/m³)	最高容许排放速率[①]/(kg/h)
尾气	苯并(a)芘	0.30×10^{-3}	0.050×10^{-3}
	非甲烷总烃	120	10
	粉尘	120	3.5
	苯	12	0.50
	氯苯	60	0.52

①新污染源大气污染物排放限值，排风筒高度为15m。

3）修复设施尾气排放监测

（1）常温解析大棚尾气排放监测。

① 布点方案：每个尾气处理装置后设置1个监测点。

② 采样方法、监测频率、监测指标、评价标准同污染土壤暂存区大气监测中的相关内容。

（2）水泥窑处置尾气排放监测。

① 布点方案：每个尾气处理装置后设置1个监测点。

② 采样方法：执行国家相关规定。

③ 监测频率：修复过程中每月监测1次。

④ 监测指标：根据《水泥窑协同处置固体废物环境保护技术规范》（HJ 662—2013）和《水泥窑协同处置固体废物污染控制标准》（GB 30485—2013）确定本场地场外修复设施尾气排放污染物的监测指标为苯并(a)芘、苯、氯苯、非甲烷总烃、粉尘、颗粒物、二氧化硫、氮氧化物、氟化物和汞及其化合物。

⑤ 评价标准：执行《大气污染物综合排放标准》（GB 16297—1996）中的二类区标准和《水泥工业大气污染物排放标准》（GB 4915—2013）。具体标准参见表6-12。

表6-12　污染土壤水泥窑协同处置设施尾气污染物排放评价标准　　mg/m³

生产设备	颗粒物	二氧化硫	氮氧化物（以 NO_2 计）	氟化物（以总 F 计）	汞及其化合物
水泥窑及窑尾余热利用系统	30	200	400	5	0.05
烘干机、烘干磨、煤磨及冷却机	30	600[①]	400[①]	—	—
破碎机、磨机、包装机及其他通风设备	20	—	—	—	—

①仅适用于有独立热源的烘干设备。

142

6.6.3.2 废水排放监测

废水排放监测包括基坑积水、污染土壤暂存场地表径流废水排放的监测。

布点方案：在每个废水排放口设置 1 个监测点。

采样方法：参照《污水综合排放标准》(GB 8978—1996)相关要求。

监测频率：修复过程每周监测。

监测指标：根据《污水综合排放标准》(GB 8978—1996)及场地土壤中的特征污染物，确定本场地修复过程中废水排放污染物的监测指标。

评价标准：苯并(a)芘执行《污水综合排放标准》(GB 8978—1996)中的一级标准，苯、氯苯、COD 执行该标准二级标准；滴滴涕执行《生活饮用水卫生标准》(GB 5749—2006)，具体见表 6-13。

表 6-13 场地修复工程废水排放评价方法和评价标准

监测指标	分析方法	评价标准/(mg/L)		备注
		一级标准	二级标准	
苯并(a)芘	GB 5750—1987 GB 11895—1989	0.3×10^{-4}		第一类污染物
苯	GB 11890—1989	—	0.2	第二类污染物
氯苯	GB/T 5750.8—2006	—	0.4	第二类污染物
COD	GB 11914—1989	—	150	第二类污染物
滴滴涕	GB/T 7492—1987	—	0.001	《生活饮用水卫生标准》(GB 5749—2006)

6.3.3.3 噪声监测

参照中华人民共和国《建筑施工场界环境噪声排放标准》(GB 12523—2011)，对场地土壤修复中原厂址场地场界噪声进行监测。

布点方案：根据国家相关要求及本场地周围噪声敏感点位置，本项目分别在场地四周场界外 1m 处设置 1 个噪声监测点。

监测方法：根据国家规定，在本场地施工期间，测量连续 20min 的等效声级，夜间同时测量最大声级。

监测频率：每月监测 2 次。

评价标准：白天不超过 70dB，夜间不超过 55dB，夜间噪声最大声级超过限值的幅度不得高于 15dB(A)。

6.3.3.4 修复过程中土壤二次污染监测

为确保修复过程不会对修复场地造成二次污染，在修复完成后，需要对污染土壤暂存场、污染土壤临时堆放场、修复后土壤待检场等可能遗留污染物的地方进行监测。采样点布点方法为网格布点法，网格大小为40m×40m。

6.6.4 风险防范和应急预案

本场地中的有机污染物挥发性较强、毒性大，对人体危害严重，可通过呼吸、接触或摄入途径造成健康风险，因此在本场地污染修复施工中，应严格按照国家的有关规定，切实做好修复过程中风险防范工作，制订风险应急预案，保障现场工人的健康与安全。

6.6.4.1 风险防范措施

1）风险污染物种类识别

风险污染物种类包括场地中的污染物[苯、氯苯、苯并（a）蒽、苯并（b）荧蒽、苯并（a）芘、茚并（1，2，3-cd）芘、二苯并（a，h）蒽、p,p'-DDE、p,p'-DDD和DDT等]及场地修复过程中涉及的有毒有害化学品及安全生产相关的其他事项。

2）风险控制点

风险控制点主要是场地内外污染土壤的清理、运输和处置现场。

3）风险控制标准与要求

（1）尾气及场界污染物排放控制详见表6-10、表6-12。

（2）水泥窑协同处置场所空气污染物控制标准：执行《工作场所有害因素职业接触限制化学有害因素》中的相关规定（GBZ 2.1—2007），见表6-10。

4）风险控制措施

（1）污染土壤清挖过程的风险控制。

① 控制开挖作业面，减少污染物挥发面积。

② 减少土壤扰动，减少污染物逸出。在污染土壤清理过程中，挖掘机铲斗应平稳操作，禁止远距离抛扔污染土壤或者从高处将污染土壤抛扔到运输车上。向运输车上装污染土壤时，应尽量使挖掘机铲斗贴着车身进行装卸。

③ 控制开挖时段，降低挥发温度。尽量选择在夜间和低温季节进行开挖，减少污染物的挥发。

④ 控制扬尘，减少污染扩散。采取道路洒水、控制运输车辆速度和场内车辆数量、作业面苫盖、大风（4级以上）停工等污染和风险控制措施。

（2）污染土壤运输过程的风险控制。

① 采用五联单制度，进行有效监控。

② 运输车辆应有良好的密封性能，并具备卫星定位功能。

③ 装车后应立即进行严密苫盖，检查合格后才准其出厂。

④ 派遣车辆进行途中巡检，发现苫布在运输途中有被风刮开等现象，立即通知运输车辆靠边停车，并责令其重新进行苫盖之后方可继续运输。

⑤ 配备流动式污染物监测设备，监测运输沿线环境空气质量，确保运输途中的空气质量符合国家和山西省的相关标准。

（3）污染土壤储存和修复过程的风险控制。

污染土壤进出暂存场应满足上述污染土壤清挖过程相关的风险控制要求。

6.6.4.2 风险应急预案

1）土方施工特殊情况应急预案

在土方开挖过程中，出现特殊情况，应立即采取有效措施：

（1）如出现滑坡迹象（如裂缝、滑动等）时，暂停施工，所有人员迅速离开基坑，必要时，迅速采取处理措施，如用挖掘机在坡脚迅速回填。根据滑动迹象设置观测点，观测滑坡体平面位移和沉降变化，并做好记录。

（2）施工过程中如遇地下障碍物（包括古墓、文物、古迹遗址，各种管道、管沟、电缆、人防等）时，应立即停止施工，及时报告应急指挥部，待妥善处理后方可继续施工。

2）清挖现场重大污染事故应急预案

（1）施工现场负责人立即组织人员判断污染原因，确定污染程度和范围。

（2）发生运输车辆场内事故造成土壤二次污染时，采用污染区域加深清挖救治法，彻底防止二次污染。

（3）如污染物大量挥发，造成局部空气中污染物浓度超标，由相关负责人组织疏散工作人员，并由佩戴好防护用品的专业人员到现场进行苫盖、修复处理。

（4）如污染程度较重，应及时通知工程应急救援总指挥部，由指挥部调集有关资源，防止污染进一步加重，并上报有关政府主管部门。

3）运输过程重大污染事故应急预案

（1）运输中发生重大污染事故时（如运输车辆造成大面积遗撒和驾驶违章乱弃污染土壤），接到污染事故报告后，立即启动应急预案，由项目应急指挥部迅速调集人员和设备赶往现场救治。

（2）派专人在公路上疏导车辆，严禁其他社会车辆碾压遗撒的污染土壤。

（3）指挥人员和机械迅速清理现场，收集遗撒，并将其运往修复场进行修复。

（4）发生驾驶员违章乱弃污染土壤时，启动应急预案，查找违章弃土车辆和遗弃地点，组织人员和设备收集被遗弃的污染土壤，将其运往修复场进行修复。无法运走时，需采取相应措施进行污染治理，防止二次污染，并报有关部门进行责任追查与处理。

4）运输过程重大交通事故应急预案

发生重大交通事故时，接报后立即启动交通事故应急预案和重大污染事故应急预案，双案并用第一时间到达现场，查看情况，抢救伤员，事故报警。设危险标志，了解发生事故后污染土壤遗撒情况，制订临时污染救治方案，待交通事故处理完毕后，租用车辆将运输污染土壤运至修复场进行处理。

5）修复处置现场重大污染事故应急预案

（1）现场场地清挖过程中有机污染土壤大量散发气味时，现场操作人员应暂停施工，迅速向上风向撤离现场，并立即向现场应急小组报告。

（2）现场应急小组接到报告，详细记录事件发生时间、地点、原因、污染源、主要污染物质、污染范围、人员伤亡情况以及报告联系人、联系方式等基本情况。

（3）现场应急小组应迅速赶赴现场，初步判断事件的危害程度，采取相应措施；气味较轻，无人员伤亡时，应迅速用事先预备的苫布将扰动土苫严，并设置警告标志。在确认现场无异常气味后，可继续施工。气味散发严重，人员身体出现明显不适时，应立即组织抢救，同时向环境主管部门报告。

6）人员中毒事故应急预案

如发生人员中毒事件，第一发现人应及时与事故应急小组联系。接到消息后，应急小组应立即赶到出事地点，确认其中毒症状，并应根据中毒症状及时施救。立即拨打120急救电话，通知专业医护人员到现场施救，并组织人员赶到事故发生地点，立即将其抬到空旷地点，等待救护车的到来，或直接送往就近医院，积极配合急救人员的后勤工作。同时应向应急小组成员报告，相关负责人要及时赶到现场进行处理，并向上级部门报告情况。

7）消防应急预案

（1）在污染土壤修复过程中，如果发生火灾，现场人员应立即用配备的消防设施进行扑救，并立即通知应急指挥部相关负责人，相关负责人要及时赶到现场进行处理，并向上级部门报告情况。

（2）如火势较大、危险性较高，难以在短时间内扑灭，应当立即拨打"119"报警电话，电话描述如下内容：单位名称、所在区域、周边显著标志性建筑物、主要路线、候车人姓名、主要特征、等候地址、火源、着火部位、火势情况及程度。随后到路口引导消防车辆。

（3）发生火情后，电工负责断电，组织各部门人员用灭火器材等进行灭火。如果是电路失火，必须先切断电源，严禁使用水或液体灭火器灭火以防触电事故发生。

（4）火灾发生时，为防止有人被困、发生窒息伤害，准备部分毛巾，湿润后蒙在口、鼻上；抢救被困人员时，为其准备同样毛巾，以备应急时使用，防止有毒有害气体吸入肺中，造成窒息伤害。被烧人员救出后应采取简单的救护方法急救，如用净水冲洗被烧部位，将污物冲净；再用干净纱布简单包扎，同时联系急救车抢救。

（5）火灾事故后，保护现场，组织抢救人员和财产，防止事故扩大，必须以最快的方式逐级上报，如实汇报，不得隐瞒。

8）应急装备

为避免场地修复过程中风险的发生，各修复单位应配备以下应急设施、装备和器材：

（1）内部联络或警报系统以及请求外部支援的设施，包括应急联络的电话、对讲机、传真等通信设备。

（2）信息采集和监测设备，包括应急监测的设施、设备、药剂、气象监测设备、便携式污染物监测设备（如手持式 VOC 气体检测仪、PID）等。

（3）应急辅助性设施和设备，如应急照明、应急供电系统等。

（4）安全防护用具，包括保障一般工作人员、应急救援人员的安全防护设备、器材、服装，安全警戒用围栏、警示牌等。应急人员防护设备有防护服、呼吸器、防毒面具、防毒口罩、安全帽、防酸碱手套及长筒靴等。

（5）应急医疗救护设备和药品。

6.6.5　劳动保护和个人防护

为避免场地修复过程中风险的发生，各修复单位应采取以下劳动保护和个人防护措施：

（1）呼吸系统防护：空气中浓度超标时，建议佩戴过滤式防毒面具。

（2）身体防护：穿防毒物渗透工作服。

（3）手防护：戴防化学品手套。

（4）眼睛防护：戴化学安全防护眼镜。

（5）其他防护：工作现场严禁吸烟、进食和饮水；工作完毕，淋浴更衣。

6.7　结论与建议

通过对污染土壤修复技术的筛选，最终分别确定了本场地土壤修复方案，其中，VOC 污染土壤采用常温解析技术，需修复土方量为 100811m³；SVOC 污染土壤采用水泥窑协同处置技术，需修复土方量为 8786m³。

建议：

（1）施工方应在实施方案中明确选择处置 SVOC 污染土壤的水泥厂的生产规模、窑型等技术参数，确保其符合相关规范，可按时有效处置本场地污染土壤。

（2）场地的修复实施方案应与场地后期的建设方案和施工计划紧密结合，如有变化，应及时调整。

（3）场地修复过程中应严格执行二次污染防治措施，及早实施场地污染土壤的修复，避免污染扩散。

（4）场地修复完成后需要进行长期跟踪监测，进一步预防意外风险。

参 考 文 献

[1] Song Y Y, Xue D Q, Dai L H, et al. Land cover change and ecoenvironmental quality response of different geomorphic units on the Chinese Loess Plateau [J]. Journal of Arid Land, 2020, 12 (1): 29-43.

[2] Wang Z J, Zhang G, Cheng X B, et al. Measurement and scaling of mercry on soil and air in a historical artisanal gold mining area in Northeastern China [J]. Chinese Geographical Science, 2019, 29(2): 245-257.

[3] Zhao R, Guan Q Y, Luo H P, et al. Fuzzy synthetic evaluation and health risk assessment quantification of heavy metals in Zhangye agricultural soil from the perspective of sources [J]. Science of The Total Environment, 2019, 69(7): 134126.

[4] Sutherland R A. Bed sedimentassociated trace metals in an urban stream, Oahu, Hawaii [J]. Environment Geology, 2000, 39(6): 611-627.

[5] Wei B G, Yang L S. A review of heavy metal contaminations in urban soils, urban road dusts and agricultural soils from China [J]. Microchemical Journal, 2010, 94(2): 99-107.

[6] Seames W S. An initial study of the fine fragmentation fly ash particle mode generated during pulverized coal combustion[J]. Fuel Processing Technology, 2003, 81(2): 109-125.

[7] Querol X, Fernández Turiel J, López Soler A. Trace elements in coal and their behaviour during combustion in a large power station[J]. Fuel, 1995, 74(3): 331-343.

[8] Eary L E, Rai D, Mattigod S V, et al. Geochemical factors controlling the mobilization of inorganic constituents from fossil fuel combustion residues: II. Review of the minor elements. [J]. Journal of Environmental Quality, 1990, 19(2): 188-201.

[9] Swaine D J. Why trace elements are important[J]. Fuel Processing Technology, 2000, 65-66 (1): 21-33.

[10] Cao F, Ge Y, Wang J F. Optimal discretization for geographical detectors-based risk assessment [J]. GI Science & Remote Sensing, 2013, 50(1): 78-92.

[11] Song Y Z, Wang J F, Ge Y, et al. An optimal parameters-based geographical detector model enhances geographic characteristics of explanatory variables for spatial heterogeneity analysis: Cases with different types of spatial data[J]. GI Science & Remote Sensing, 2020, 57(5): 593-610.

[12] Zhang Z H, Song Y Z, Wu P. Robust geographical detector [J]. International Journal of Applied Earth Observation and Geoinformation, 2022, 109: 1-9.

[13] Yang Y, Yang X, HE M J, et al. Beyond mere pollution source identification: Determination of land covers emitting soil heavy metals by combining PCA/APCS, Geo Detector and GIS analysis[J]. Catena, 2020: 185.

［14］ Dong S W，Pan Y C，Guo H，et al. Identifying influencing factors of agricultural soil heavy metals using a geographical detector：A case study in Shunyi District，China［J］. Land，2021，10(10).

［15］ Zhang R，Chen T，Zhang Y，et al. Health risk assessment of heavy metals in agricultural soils and identification of main influencing factors in a typical industrial park in northwest China［J］. Chemosphere，2020：252.

［16］ Wang H F，Wu Q M，Hu W Y，et al. Using multimedium factors analysis to assess heavy metal health risks along the Yangtze River in Nanjing，Southeast China［J］. Environmental Pollution，2018，243(Pt B)：1047-1056.

［17］ Tsitonaki A，Petri B，Crimi M，et al. Insituchemical oxidation of contaminated soil and groundwate rusing persulfate：Areview［J］. Critical Reviewsin Environmental Science&Technology，2010，40(1)：55-91.

［18］ Xu S，Wang W，Zhu L Z. Enhancedmic robialde gradation of ben zo[a]apyrene by chemical oxidation［J］. Science of the Total Environment，2018，653：1293-1300.

［19］ Gryzenia J，Cassidy D，Hampton D. Production and accumulation of surfac tantsduring the chemical oxidation of PAH in soil［J］. Chemosphere，2009，77(4)：540-545.

［20］ Wang F，Wang H L，Altabbaa A. Leachability and heavy metal speciation of 17-year old stabilised/solidified contaminated site soils ［J］. Journal of Hazardous Materials，2014，278：144-151.

［21］ Dynamic immobilization of simulated radionuclide 133 Cs treatment/vitrification with in soil by thermal nanometallic Ca/CaO composites［J］. Journal of Environmental Radioactivity，2015，139：118-124.

［22］ He Q S，Yan Y L，Zhang Y L，et al. Coke workers' exposure to volatile organic compounds in Northern China：A case study in Shanxi province ［J］. Environmental Monitoring and Assessment，2015，187(6)：359- 370.

［23］ Geng Liu，Xin Zhou，Qiang Li，et al. Spatial distribution prediction of soil as in a large scale arsenic slag contaminated site based on an integrated model and multi-source environmental data ［J］. Environmental Pollution，2020，267：115-631.

［24］ 王佳宁，薛东前，马蓓蓓，等. 黄土高原地区矿产资源型城市脆弱性及其人口响应［J］. 干旱区地理，2020，43(6)：1679-1690.

［25］ 李德山，赵颖文，李琳瑛. 煤炭资源型城市环境效率及其环境生产率变动分析——基于山西省 11 个地级市面板数据［J］. 自然资源学报，2021，36(3)：618-633.

［26］ 唐倩，王金满，荆肇睿. 煤炭资源型城市生态脆弱性研究进展［J］. 生态与农村环境学报，2020，36(7)：825-832.

［27］ 曹雪莹，张莎娜，谭长银，等. 中南大型有色金属冶炼厂周边农田土壤重金属污染特征研究［J］. 土壤，2015，47(1)：94-99.

150

[28] 鲍丽然，邓海，贾中民，等．重庆秀山西北部农田土壤重金属生态健康风险评价[J]．中国地质，2020，47(6)：1625-1636.

[29] 邓海，王锐，严明书，等．矿区周边农田土壤重金属污染风险评价[J]．环境化学，2021，40(4)：1127-1137.

[30] 王锐，邓海，贾中民，等．汞矿区周边土壤重金属空间分布特征、污染与生态风险评价[J]．环境科学，2021，42(6)：3018-3027.

[31] 林茂，梁文静，焦旸，等．陕西潼关县金矿矿区周边农田土壤重金属生态健康风险评价[J]．中国地质，2021，48(3)：749-763.

[32] 刘巍，杨建军，汪君，等．准东煤田露天矿区土壤重金属污染现状评价及来源分析[J]．环境科学，2016，37(5)：1938-1945.

[33] 周勤利，王学东，李志涛，等．宁夏贺兰县土壤重金属分布特征及其生态风险评价[J]．农业资源与环境学报，2019，36(4)：513-521.

[34] 陈佳林，李仁英，谢晓金，等．南京市绿地土壤重金属分布特征及其污染评价[J]．环境科学，2021，42(2)：909-916.

[35] 石占飞，王力．神木矿区土壤重金属含量特征及潜在风险评价[J]．农业环境科学学报，2013，32(6)：1150-1158.

[36] 刘智峰，呼世斌，宋凤敏，等．陕西某铅锌冶炼区土壤重金属污染特征与形态分析[J]．农业环境科学学报，2019，38(4)：818-826.

[37] 傅鹏，王飞，马秀平，等．沁河沉积物重金属垂直分布特征与风险评价[J]．应用与环境生物学报，2013，19(2)：305-312.

[38] 赵斌，朱四喜，李相兴，等．贵州草海不同土地利用方式表层土壤重金属污染现状评估[J]．环境化学，2018，37(10)：2219-2229.

[39] 李清良，吴倩，高进波，等．基于小流域尺度的土壤重金属分布与土地利用相关性研究——以厦门市坂头水库流域为例[J]．生态学报，2015，35(16)：5486-5494.

[40] 易昊旻，周生路，吴绍华，等．基于正态模糊数的区域土壤重金属污染综合评价[J]．环境科学学报，2013，33(4)：1127-1134.

[41] 鲁如坤．土壤农业化学分析方法[M]．北京：中国农业科技出版社，2000.

[42] 韩平，王纪华，冯晓元，等．北京顺义区土壤重金属污染生态风险评估研究[J]．农业环境科学学报，2015，34(1)：103-109.

[43] 中国环境监测总站．中国土壤元素背景值[M]．北京：中国环境科学出版社，1990.

[44] 戴彬，吕建树，战金成，等．山东省典型工业城市土壤重金属来源、空间分布及潜在生态风险评价[J]．环境科学，2015，36(2)：507-515.

[45] 雷文凯，李杏茹，张兰，等．保定地区 PM$_{2.5}$ 中重金属元素的污染特征及健康风险评价[J]．环境科学，2021，42(1)：38-44.

[46] 尹伊梦，赵委托，黄庭，等．电子垃圾拆解区土壤-水稻系统重金属分布特征及健康风险评价[J]．环境科学，2018，39(2)：916-926.

151

[47] 陈艺,蔡海生,曾君乔,等.袁州区表层土壤重金属污染特征及潜在生态风险来源的地理探测[J].环境化学,2021,40(4):1112-1126.

[48] 郝建秀,任珺,陶玲,等.黄河底泥重金属空间分异影响因子与源解析研究[J].安全与环境学报,2022,22(2):549-558

[49] 张鸣,温汉辉,蔡立梅,等.韩江三角洲典型地区表层土壤汞的分布特征[J].环境化学,2020,39(7):1860-1871.

[50] 范晓婷,蒋艳雪,崔斌,等.富集因子法中参比元素的选取方法——以元江底泥中重金属污染评价为例[J].环境科学学报,2016,36(10):3795-3803.

[51] 国家环境保护局.GB 15618—2018 土壤环境质量标准(试行)[S].2018.

[52] 国家环境保护局.GB 36600—2018 土壤环境质量标准(试行)[S].2018.

[53] 魏洪斌,罗明,吴克宁,等.长江三角洲典型县域耕地土壤重金属污染生态风险评价[J].农业机械学报,2021,52(11):200-209,332.

[54] 杨安,邢文聪,王小霞,等.西藏中部河流、湖泊表层沉积物及其周边土壤重金属来源解析及风险评价[J].中国环境科学,2020,40(10):4557-4567.

[55] 陈能场,郑煜基,何晓峰,等.全国土壤污染状况调查公报探析[J].农业环境科学学报,2017,36(9):1689-1692.

[56] 王婷,陈建文,张婧雯,等.铜尾矿库下游土壤重金属分布及风险评价[J].山西大学学报(自然科学版),2020,43(3):644-652.

[57] 宋波,王佛鹏,周浪,等.广西高镉异常区水田土壤 Cd 含量特征及生态风险评价[J].环境科学,2019,40(5):2443-2452.

[58] 陈文轩,李茜,王珍,等.中国农田土壤重金属空间分布特征及污染评价[J].环境科学,2020,41(6):2822-2833.

[59] 樊倍希,张永清.山西某火力发电厂周边农田土壤重金属污染评价[J].生态与农村环境学报,2020,36(7):953-960.

[60] 樊霆,叶文玲,陈海燕,等.农田土壤重金属污染状况及修复技术研究[J].生态环境学报,2013,22(10):1727-1736.

[61] 吴志能,谢苗苗,王莹莹.我国复合污染土壤修复研究进展[J].农业环境科学学报,2016,35(12):2250-2259.

[62] 徐德江,陈科,陈昶旭,等.雅安某化工厂周边土壤重金属的污染状况及污染评价研究[J].四川环境,2021,40(5):115-119.

[63] 臧振远,赵毅,尉黎,等.北京市某废弃化工厂的人类健康风险评价[J].生态毒理学报,2008,3(1):48-54.

[64] 任文会,吴文涛,陈玉,等.某废弃化工厂场地土壤重金属污染评价[J].合肥工业大学学报,2017,40(4):533-538.

[65] 刘霞,马涛,邹蓉,等.湖南某化工厂重金属污染土壤修复试验研究[J].湖南有色金属,2020,36(3):56-59.

152

[66] 张凯，杨佳俊，白璐，等.中国西北某煤化工区土壤中重金属污染特征及其源解析[J].矿业科学学报.2017，2(2)：191-198.

[67] 谢飞，吴俊锋，任晓鸣.江苏省典型工业开发区土壤重金属污染及其潜在生态风险评价[J].安全与环境学报，2016，16(2)：387-391.

[68] 中华人民共和国国土资源部.DZ/T 0295—2016 土地质量地球化学评价规范[S].2016.

[69] 董苗.汾河临汾段污灌区土壤重金属污染状况调查与生态评价[D].临汾：山西师范大学，2015.

[70] 春风，那仁满都拉，张卫青，等.白音华矿区土壤重金属含量的空间异质性[J].应用生态学报，2021，32(2)：601-608.

[71] 马建华，韩昌序，姜玉玲.潜在生态风险指数法应用中的一些问题[J].地理研究，2020，39(6)：1233-1241.

[72] 陈新春.化工厂周边土地重金属污染特征及风险管理[J].化工管理，2017，35(12)：262.

[73] 刘丽.土壤重金属污染化学修复方法研究进展[J].安徽农业科学，2014，42(19)：6226-6228.

[74] 魏赢，刘阳生.汞污染农田土壤的化学稳定化修复[J].环境工程学报，2017，11(3)：1878-1884.

[75] 马小娜，王睿，徐圣君.汞污染土壤修复技术研究进展[J].煤炭与化工，2016，39(12)：65-70.

[76] 阿不都艾尼·阿不里，塔西甫拉提·特依拜，侯艳军，等.煤矸石堆场周围土壤重金属污染特征分析与评价[J].中国矿业，2015，24(12)：60-65.

[77] 王心义，杨建，郭慧霞.矿区煤矸石堆放引起土壤重金属污染研究[J].煤炭学报，2006，31(6)：808-812.

[78] 范明毅，杨皓，黄先飞，等.典型山区燃煤型电厂周边土壤重金属形态特征及污染评价[J].中国环境科学，2016，36(8)：2425-2436.

[79] 范明毅，杨皓，黄先飞，等.喀斯特山区燃煤电厂土壤重金属污染评价[J].化工环保，2016，36(3)：338-344.

[80] 王劲峰，徐成东.地理探测器：原理与展望[J].地理学报，2017，72(1)：116-134.

[81] 陈述彭.地理科学的信息化与现代化[J].地理科学，2001，(3)：193-197.

[82] 李家旭.地理探测器中数据空间离散化算法设计实现与应用[D].南宁：南宁师范大学，2020.

[83] 龚仓，王顺祥，陆海川.基于地理探测器的土壤重金属空间分异及其影响因素分析研究进展[J/OL].环境科学：1-19[2022-08-30]DOI：10.13227/j.hjkx.202205206.

[84] 刘亚军.矿冶城市土壤重金属源解析与景观分异研究[D].武汉：华中农业大学，2019.

[85] 宋恒飞，吴克宁，李婷，等.寒地黑土典型县域土壤重金属空间分布及影响因素分析——以海伦市为例[J].土壤通报，2018，49(6)：1480-1486.

[86] 齐杏杏，高秉博，潘瑜春，等．基于地理探测器的土壤重金属污染影响因素分析[J]．农业环境科学学报，2019，38(11)：2476-2486.

[87] 张瑞．某典型工业园周边农田土壤重金属的健康风险评估及来源解析[D]．西安：西北农林科技大学，2020.

[88] 徐源．区域尺度典型工业聚集区土壤重金属源解析[D]．北京：中国环境科学研究院，2021.

[89] 杨乐巍，黄国强，李鑫钢．土壤气相抽提(SVE)技术研究进展[J]．环境保护科学，2006，32(6)：62-65.

[90] 何睿，杨勇，梁文莲，等．苯系物污染土壤热强化气相抽提技术研究[J]．环境保护科学，2021，47(2)：167-171.

[91] 刘沙沙，陈志良，刘波，等．土壤气相抽提技术修复柴油污染场地示范研究[J]．水土保持学报，2013，27(1)：172-175，181.

[92] 张坤，张杰西，王钪，等．热脱附技术在修复石油烃污染土壤中的应用研究[J]．环境污染与防治，2022，44(3)：297-301.

[93] 陈俊华，祝红，单晖峰，等．表面活性剂强化好氧生物修复 PAHs 污染土壤效果研究[J]．环境工程，2020，38(5)：185-190.

[94] 刘世亮，骆永明，丁克强，等．黑麦草对苯并[a]芘污染土壤的根际修复及其酶学机理研究[J]．农业环境科学学报，2007，26(2)：526-532.

[95] 杨金凤，李新荣，王悦，等．生物通风修复过程中柴油衰减规律的砂箱模拟研究[J]．环境工程，2018，36(3)：185-189，192.

[96] 徐文迪，郭书海，李刚，等．电芬顿-生物泥浆法联合修复芘污染土壤[J]．中国环境科学，2019，39(10)：4247-4253.

[97] 张致林，郑永红，张治国，等．矿山重金属污染土壤化学淋洗技术研究进展[J]．淮南职业技术学院学报，2021，21(6)：150-152.

[98] 高国龙，张望，周连碧，等．重金属污染土壤化学淋洗技术进展[J]．有色金属工程，2013，3(1)：49-52.

[99] 赵鹏，肖保华．电动修复技术去除土壤重金属污染研究进展[J]．地球与环境，2021，41(8)：776-778.

[100] 魏树和，徐雷，韩冉．重金属污染土壤的电动-植物联合修复技术研究进展[J]．南京林业大学学报(自然科学版)，2019，43(1)：154-159.

[101] 樊广萍，朱海燕，郝秀珍，等．不同的增强试剂对重金属污染场地土壤的电动修复影响[J]．中国环境科学，2015，35(5)：1458-1465.

[102] 刘军，刘春生，纪洋，等．土壤动物修复技术作用的机理及展望[J]．山东农业大学学报(自然科学版)，2009，40(2)：313-316.

[103] 邓继福，王振中，张友梅，等．重金属污染对土壤动物群落生态影响的研究[J]．环境科学，1996，17(2)：1-5.

154

[104] 方青，丁子微，孙庆业，等．客土改良铜尾矿对香根草生理特征及重金属吸收的影响[J]．农业环境科学学报，2021，40(1)：83-91.

[105] 张瑞．某典型工业园周边农田土壤重金属的健康风险评估及来源解析[D]．西安：西北农林科技大学，2020.

[106] 文武．土壤砷的化学固定修复技术研究[D]．长沙：中南林业科技大学，2012.

[107] 叶文玲，周于杰，晏士玮，等．微生物成矿技术在环境砷污染治理中的应用研究进展[J]．土壤学报，2021，58(4)：862-875.

[108] 霍乾伟，李天元，张闻，等．微生物修复石油污染土壤影响因素分析[J]．现代化工，2022，42(S2)：83-93.

[109] 罗雅．耐性细菌强化香根草修复铅镉污染土壤的研究[D]．南宁：广西大学，2012.

[110] 刘丽杰，刘凯，孙玉婷，等．车前草对重金属铜和镍的积累及生理响应[J]．甘肃农业大学学报，2020，55(5)：172-179.

[111] 李强，姚万程，赵龙，等．燃煤工业区不同土地利用类型土壤汞含量污染评价[J]．环境科学，2022，43(7)：3781-3788.

[112] 付善明，肖方，宿文姬，等．基于模糊数学的广东大宝山矿横石河下游土壤重金属元素污染评价[J]．地质通报，2014，33(8)：1140-1146.

[113] 谢云峰，杜平，曹云者，等．基于地统计条件模拟的土壤重金属污染范围预测方法研究[J]．环境污染与防治．2015，37(1)：1-6.

[114] 郭绍英，林皓，谢妤．基于改进灰色聚类法的矿区土壤重金属污染评价[J]．环境工程，2017，35(10)：146-150.

[115] 陈峰，蒋新，唐访良，等．层次分析法与地理信息系统在农田土壤重金属污染评价中的应用[J]．环境污染与防治，2012，34(7)：6-8，14.

[116] 余涛，蒋天宇，刘旭，等．土壤重金属污染现状及检测分析技术研究进展[J]．中国地质，2021，48(2)：460-476.

[117] 周自强，李丁．土壤污染防治及修复措施分析[J]．清洗世界，2022，38(9)：120-122.

[118] 沈颖辉．土壤污染现状及治理措施[J]．云南化工，2020，47(1)：150-152.

[119] 谢飞，吴俊锋，任晓鸣，等．我国土壤污染现状与防治对策研究[J]．生态经济(学术版)，2014，30(1)：322-324.

[120] 于利国．探讨当前土壤污染现状及治理方案[J]．资源节约与环保，2020，(7)：49.

[121] 谢方文．分析有机物污染土壤修复技术应用[J]．皮革制作与环保科技，2021，2(5)：116-117.

[122] 郑利明，谭程方．国内土壤重金属及有机物污染现状及修复技术[J]．广东化工，2016，43(14)：111-112.

[123] 刘五星，侯金玉，王贝贝．煤化工场地有机污染土壤生物修复研究进展[J]．应用技术学报，2022，22(1)：7-15.

[124] 丁寿康，王美娥，王玉军，等．场地土壤环境承载力估算及其在土壤污染修复目标值确定中的应用［J/OL］．土壤学报：1－17［2022－01－10］．https：//kns.cnki.net/kcms/detail/32.1119.P.20220107.2059.004.html

[125] 李强，何连生，王耀锋，等．中国冶炼行业场地土壤污染特征及分布情况［J］．生态环境学报，2021，30(3)：586-595．

[126] 刘小波．废弃化工场地土壤重金属污染调查及环境风险评估［D］．咸阳：西北农林科技大学，2019．

[127] 毛盼，王明娅，孙昂，等．某典型废弃硫酸场地土壤重金属污染特征与评价［J］．环境化学，2021，40(2)：1-15．

[128] 张婧雯．典型煤化工企业污染场地特征污染物健康风险评价［D］．太原：山西大学，2018．

[129] 张玉，宋光卫，刘海红，等．某大型化工场地土壤中多环芳烃(PAHs)污染现状与风险评价［J］．生态学杂志，2019，38(11)：3408-3415．

[130] 牛真茹，李飞飞，张有军，等．某典型污染场地土壤中氯代烃类污染的空间分布与污染成因［J］．环境工程，2022，40(3)：94-101，228．

[131] 陈展，吴育林，张刚．上海市某大型再开发场地土壤重金属污染特征、评价及来源分析［J］．水土保持通报，2021，41(1)：227-236．

[132] 焦敏娜．宁东能源化工基地土壤重金属形态特征及生态修复途径研究［D］．银川：宁夏大学，2020．

[133] 董敬．某氯碱厂污染场地土壤-地下水典型污染物污染特征及风险评估［D］．济南：济南大学，2017．

[134] 张凯．典型煤化工厂区土壤中重金属污染时空分布及其风险评价［D］．北京：中国矿业大学(北京)，2018．

[135] 吴志远，张丽娜，夏天翔，等．基于土壤重金属及PAHs来源的人体健康风险定量评价：以北京某工业污染场地为例［J］．环境科学，2020，41(9)：4180-4196．

[136] 黄磊．废弃煤化厂区土壤环境现状调查评估研究［D］．西安：西安建筑科技大学，2019．

[137] 陈付荣．我国土壤重金属污染现状监测及其防治浅析［J］．清洗世界，2022，38(8)：128-130．

[138] 姜娜．我国土壤重金属污染现状监测及其防治浅析［J］．皮革制作与环保科技，2021，2(23)：169-17．

[139] 林美丽．土壤重金属污染现状及检测分析技术研究进展［J］．化工设计通讯，2022，48(7)：145-147．

[140] 刁杰．我国农田土壤重金属污染现状、危害及风险评价研究［J］．江西化工，2021，37(6)：27-29．

[141] 息朝庄，吴林锋，张鹏飞，等．土壤重金属污染现状调查与评价：以贵州惠水涟江高效

农业园区为例[J]. 湖南城市学院学报(自然科学版)，2022，31(4)：51-56.

[142] 符永鹏. 土壤重金属污染修复技术的研究进展[J]. 资源节约与环保，2021，(8)：21-22.

[143] 彭华，王维思. 河南省典型农业区域土壤中多环芳烃污染状况研究[J]. 中国环境监测，2009，25(2)：61-62，68.

[144] 张万付. 东北地区农田土壤有机污染现状分析[J]. 现代农业，2018，(5)：33-34.

[145] 翟亚男. 土壤有机污染治理研究[J]. 资源节约与环保，2020，(11)：95-96.

[146] 曹生宪. 土壤环境有机污染修复机制探究[J]. 低碳世界，2017，(7)：3-4.

[147] 朱利中，吕黎. 土壤有机污染的缓解与修复[C]. 中国化学会第27届学术年会化学的创新与发展论坛摘要集，2010：7.

[148] 环境保护部和国土资源部发布全国土壤污染状况调查公报[J]. 资源与人居环境，2014，(4)：26-27.

[149] 申进朝，王宣，多克辛. 典型农业区域土壤有机污染状况监测研究[J]. 郑州轻工业学院学报(自然科学版)，2009，24(4)：20-23，37.

[150] 金学锋. 微生物修复有机污染土壤的研究进展[J]. 皮革制作与环保科技，2022，3(14)：104-106.

[151] 籍龙杰，陈芒，张维琦，等. 原位热脱附去除土壤有机污染机理及技术研究[J]. 能源环境保护，2022，36(5)：46-52.

[152] 刘国强，顾轩竹，胡哲伟，等. 农业土壤有机污染生物修复技术研究进展[J]. 江苏农业科学，2022，50(1)：27-33.

[153] 黄录峰. 土壤有机污染的表面活性剂修复技术[J]. 绿色科技，2013，(5)：163-167.

[154] 吴敏，施柯廷，陈全，等. 有机污染土壤生物修复效果的限制因素及提升措施[J]. 农业环境科学学报，2022，41(5)：919-932.

[155] 王翔，王治民，张景红. 有机污染土壤原位修复的二次污染防治[J]. 资源节约与环保，2021，(6)：61-62.

[156] 李金洋，张俊杰，郭将伟，等. 有机污染地块的土壤修复技术及应用[J]. 绿色建筑，2021，13(6)：81-84.

[157] 苗东阳. 某石油化工厂区土壤有机污染评价及污染治理[D]. 兰州：兰州大学，2011.

[158] 程铖，刘威杰，胡天鹏，等. 桂林会仙湿地表层土壤中有机氯农药污染现状[J]. 农业环境科学学报，2021，40(2)：371-381.

[159] 左静，秦丰林，方国东. 电化学活化过硫酸盐修复土壤有机污染研究进展[J]. 现代农业科技，2021，(13)：179-185.

[160] 林道辉，高娟，王祥科，等. 土壤有机污染阻控与高效修复用纳米材料与技术研究[J]. 中国基础科学，2019，21(4)：35-42.

[161] 陈健，胡筱敏，姜彬慧. 种植基地有机磷农药污染土壤的微生物修复[J]. 环境保护与循环经济，2012，32(5)：35-38，72.

[162] 杨代凤，刘腾飞，谢修庆，等．我国农业土壤中持久性有机氯类农药污染现状分析[J]．环境与可持续发展，2017，42(4)：40-43.

[163] 环境保护部，国土资源部．2014 全国土壤污染状况调查公报[EB/OL]．(2014-04-17)[2020-10-12]．https：//www.mee.gov.cn/gkml/sthjbgw/qt/201404/W020140417558995804588.pdf.

[164] 李玲．土壤污染特点现状以及监测技术浅析[J]．黑龙江科技信息，2013，(23)：34.

[165] 张荣海，李海明，张红兵，等．某焦化厂土壤重金属污染特征与风险评价[J]．水文地质工程地质，2015，42(5)：149-154.

[166] 程明超．山西省土壤中 PAHs 分布特征及影响因素研究[D]．太原：太原科技大学，2018.

[167] 姚万程，刘庚，石瑛，等．山西省土壤重金属污染特征及生态风险评价[J]．江西农业学报，2021，33(1)：91-97.

[168] 陈润甲，田艳梅，张钧，等．山西省某焦化厂周边土壤中重金属污染评价及特征分析[J]．天津农业科学，2020，26(6)：79-84.

[169] 葛元英，崔旭，冯两蕊，等．山西典型工业发展区土壤重金属潜在生态风险评价[J]．山西农业科学，2016，44(5)：635-639.

[170] 陶诗阳，马瑾，周永章，等．山西省典型燃煤污染区土壤中多环芳烃风险评价[J]．生态环境学报，2016，25(12)：2005-2013.

[171] 王星星，王海芳．山西省某焦化厂土壤重金属污染状况分析与评价[J]．应用化工，2020，49(4)：850-853.

[172] 贾建丽，张岳，王晨，等．门头沟煤矿区土壤有机污染特征与微生物特性[J]．环境科学，2011，32(3)：875-879.

[173] 李冬梅．神府东胜矿区煤田开采对农田土壤污染及其生态风险评估[D]．北京：中国科学院研究生院(教育部水土保持与生态环境研究中心)，2014.

[174] 张锂，韩国才，陈慧，等．黄土高原煤矿区煤矸石中重金属对土壤污染的研究[J]．煤炭学报，2008，(10)：1141-1146.

[175] 胡克宽，王英俊，张玉岱，等．渭北黄土高原苹果园土壤重金属空间分布及其累积性评价[J]．农业环境科学学报，2012，31(5)：934-941.

[176] 王玉华，王一鸣，吴发启，等．黄土高原残塬沟壑区坡耕地土壤重金属分布特征与潜在生态风险评估[J]．环境保护前沿，2014，4(6)：8.

[177] 张琛，师学义，马桦薇，等．煤炭基地复垦村庄土壤重金属污染生态风险评价[J]．水土保持研究，2014，21(5)：277-284.

[178] 刘娣，苏超，张红，等．典型煤炭产业聚集区土壤重金属污染特征与风险评价[J]．生态环境学报，2022，31(2)：391-399.

[179] 丁皓希．山西省土壤污染现状及整治措施[J]．农业技术与装备，2013，(16)：10，11，16.

[180] 卢淑贤，王雁，闫世明，等．山西土壤污染及防治措施简析[C]．2011 中国环境科学

学会学术年会论文集，2011，（2）：606-609.

[181] 王素娟. 山西土壤污染现状及其控制方法[J]. 环境与生活，2021，（7）：63-65.

[182] 司智慧，时嘉凯，李浩鹏. 生物修复助力化工企业土壤有机污染改善研究综述[J]. 当代化工研究，2021，（22）：123-125.

[183] 付文祥，郭立正. 敌敌畏降解真菌的分离及其特性研究[J]. 环境科学与技术，2006，29(4)：32-35.

[184] 贾广宁. 重金属污染的危害与防治[J]. 有色矿冶，2020，20(1)：39-42.

[185] 朱清禾，曾军，吴宇澄，等. 多环芳烃共代谢对苯并[a]蒽微生物降解的影响及机制[J]. 中国环境科学，2022，42(2)：808-814.

[186] 申潞军. 硝酸磷肥的生产工艺和产品性能[J]. 科学种养，2018，（7）：34-36.

[187] 蒋村，孟宪荣，施维林，等. 氯苯污染土壤低温原位热脱附修复[J]. 环境工程学报，2019，13(7)：1720-1726.

[188] 张学良，李群，周艳，等. 某退役溶剂厂有机物污染场地燃气热脱附原位修复效果试验[J]. 环境科学学报，2018，38(7)：2868-2875.

[189] 陈俊华，李绍华，刘晋恺，等. 燃气热脱附技术土壤修复效果及影响因素[J]. 环境工程学报，2022，16(5)：1610-1619.

[190] 周永信，廖长君，梁银春，等. 有机污染场地原位热脱附技术工程应用研究[J]. 化工管理，2019，（30）：2.

[191] 施维林. 土壤污染与修复[M]. 北京：中国建材工业出版社，2018.

[192] 宋昕，林娜，殷鹏华. 中国污染场地修复现状及产业前景分析[J]. 土壤，2015，47(1)：1-7.

[193] 赵琦慧，李法云，咨美霞. 油菜种子联合降解菌对多环芳烃污染土壤的修复[J]. 环境污染与防治，2022，44(9)：1138-1141.

[194] 张长波，骆永明，吴龙华. 土壤污染物源解析方法及其应用研究进展[J]. 土壤，2007，39(2)：190-195.

[195] 陈志凡，化艳旭，徐薇，等. 基于正定矩阵因子分析模型的城郊农田重金属污染源解析[J]. 环境科学学报，2020，40(1)：276-283.

[196] 栗钰洁，王贝贝，曹素珍，等. 基于PMF的土壤多环芳烃致癌风险定量源解析方法研究：以太原市为例[J]. 环境科学研究，2022，35(8)：1997-2005.

[197] 刘添鑫，姜浪，杨红，等. 一种化学计量学耦合新技术用于钢铁工业区土壤中11种多环芳烃的源解析[J]. 分析化学，2022，50(5)：167-184.

[198] 谭竹. 新余某化工厂污染场地土壤修复工程案例[J]. 广东化工，2022，49(12)：157-159.

[199] 赵丹，廖晓勇，阎秀兰，等. 不同化学氧化剂对焦化污染场地多环芳烃的修复效果[J]. 环境科学，2011，32(3)：857-863.

[200] 姚高扬. 热解析-低温等离子体处理含汞土壤实验研究[D]. 南昌：东华理工大

学，2017.

[201] 薛清华，黄凤莲，梁芳. EDTA/DTPA 与柠檬酸混合连续淋洗土壤中镉铅及其对土壤肥力的影响[J]. 矿冶工程，2022，39(5)：74-78.

[202] 郭永灿，赖勤，颜亨梅，等. 农药污染对蚯蚓的群落结构与超微结构影响的研究[J]. 中国环境科学，1997，17(1)：67-71.

[203] 董盼盼，张振明，张明祥. 生物炭-植物联合修复对土壤重金属 Pb、Cd 分布效应[J]. 环境科学学报，2022，42(1)：280-286.